新微分積分Ⅱ問題集

大日本図書

改訂版

Differential and Integral Ⅱ

JN055729

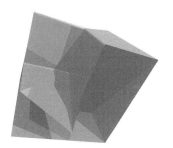

まえがき

　数学の内容をより深く理解し，学力をつけるためには，いろいろな問題を自分の力で解いてみることが大切なことは言うまでもない．本書は「新微分積分 II　改訂版」に準拠してつくられた問題集で，教科書の内容を確実に身につけることを目的として編集された．各章の構成と学習上の留意点は以下の通りである．

(1) 各節のはじめに**まとめ**を設け，教科書で学習した内容の要点をまとめた．知識の整理や問題を解くときの参照に用いてほしい．

(2) **Basic**（基本問題）は，教科書の問に対応していて，基礎知識を定着させる問題である．右欄に教科書の問のページと番号を示している．**Basic** の内容については，すべてが確実に解けるようにしてほしい．

(3) **Check**（確認問題）は，ほぼ **Basic** に対応していて，その内容が定着したかどうかを確認するための問題である．1 ページにまとめているので，確認テストとして用いてもよい．また，**Chook** の解答には，関連する **Bacio** の問題番号を示しているので，**Check** から始めて，できなかった所を **Basic** に戻って反復することもできるようになっている．

(4) **Step up**（標準問題）は基礎知識を応用させて解く問題である．「例題」として考え方や解き方を示し，直後に例題に関連する問題を取り入れた．**Basic** の内容を一通り身につけた上で，**Step up** の問題を解くことをすれば，数学の学力を一層伸ばし，応用力をつけることが期待できる．

(5) 章末には，**Plus**（発展的内容と問題）を設け，教科書では扱っていないが，学習しておくと役に立つと思われる発展的な内容を取り上げ，学生自らが発展的に考えることができるようにした．教科書の補章に関連する問題もここで取り上げた．

(6) **Step up** と **Plus** では，大学編入試験問題も取り上げた．

(7) **Basic** と **Check** の解答は，基本的に解答のみである．ただし，**Step up** と **Plus** については，自学自習の便宜を図って，必要に応じて，問題の右欄にヒントを示すか，解答にできるだけ丁寧に解法の指針を示した．

　数学の学習においては，あいまいな箇所をそのまま残して先に進むことをせずに，じっくりと考えて，理解してから先に進むといった姿勢が何より大切である．

　授業のときや予習復習にあたって，この問題集を十分活用して工学系や自然科学系を学ぶために必要な数学の基礎学力と応用力をつけていただくことを期待してやまない．

令和 4 年 10 月

編者

目次

1 章　関数の展開

1° 関数の展開

まとめ

● **多項式による近似**　関数 $f(x)$ が定数 a を含む区間で n 回微分可能なとき

$$f(x) = f(a) + f'(a)(x-a) + \frac{f''(a)}{2!}(x-a)^2 + \cdots$$

$$\cdots + \frac{f^{(n)}(a)}{n!}(x-a)^n + o\big((x-a)^n\big) \quad (o \text{ はランダウの記号})$$

● **極値をとるための十分条件**　関数 $f(x)$ が $f'(a) = 0$ を満たすとき

$$f''(a) > 0 \implies x = a \text{ で極小}, \qquad f''(a) < 0 \implies x = a \text{ で極大}$$

● **数列の極限**　数列 $\{a_n\}$, $\{b_n\}$ が収束して, $\lim_{n \to \infty} a_n = \alpha$, $\lim_{n \to \infty} b_n = \beta$ のとき

$$\lim_{n \to \infty}(a_n \pm b_n) = \alpha \pm \beta \quad \text{（複号同順）}, \qquad \lim_{n \to \infty} c a_n = c\alpha \quad \text{（c は定数）}$$

$$\lim_{n \to \infty} a_n b_n = \alpha\beta, \qquad\qquad\qquad a_n < b_n \text{ ならば } \alpha \leqq \beta$$

$$\lim_{n \to \infty} \frac{a_n}{b_n} = \frac{\alpha}{\beta} \quad (\text{ただし, } b_n \neq 0, \ \beta \neq 0)$$

● **等比数列の極限**　等比数列 $\{r^n\}$ について

$$r > 1 \text{ のとき} \qquad \lim_{n \to \infty} r^n = \infty, \qquad r = 1 \text{ のとき} \qquad \lim_{n \to \infty} r^n = 1$$

$$-1 < r < 1 \text{ のとき} \qquad \lim_{n \to \infty} r^n = 0, \qquad r \leqq -1 \text{ のとき} \quad \text{振動する}$$

● **級数の収束**　級数 $\displaystyle\sum_{n=1}^{\infty} a_n = a_1 + a_2 + a_3 + \cdots + a_n + \cdots$ について

○ 第 n 部分和 $\displaystyle S_n = \sum_{k=1}^{n} a_k$ からなる数列 $\{S_n\}$ が収束すれば $\displaystyle\sum_{n=1}^{\infty} a_n = \lim_{n \to \infty} S_n$

○ $\displaystyle\lim_{n \to \infty} a_n \neq 0$ ならば $\displaystyle\sum_{n=1}^{\infty} a_n$ は発散

○ 初項 a, 公比 r の等比級数は $|r| < 1$ のときに限り収束して, その和は

$$a + ar + ar^2 + \cdots + ar^{n-1} + \cdots = \frac{a}{1-r}$$

● **テイラー展開（マクローリン展開）**　関数 $f(x)$ が定数 a を含む区間で無限回微分可能で, $\displaystyle\lim_{n \to \infty}\Big\{ f(x) - \sum_{k=0}^{n} \frac{f^{(k)}(a)}{k!}(x-a)^k \Big\} = 0$ のとき

$$f(x) = f(a) + f'(a)(x-a) + \frac{f''(a)}{2!}(x-a)^2 + \cdots + \frac{f^{(n)}(a)}{n!}(x-a)^n + \cdots$$

$$(a = 0 \text{ の場合, マクローリン展開という})$$

● **オイラーの公式, ド・モアブルの公式**　実数 x と自然数 n について

$$e^{ix} = \cos x + i \sin x, \qquad (\cos x + i \sin x)^n = \cos nx + i \sin nx$$

Basic

1 次の関数の (　) 内の点における 1 次近似式を求めよ.　→ 教 p.3 問·1

(1) $f(x) = e^{3x}$　$(x = 0)$　　　　(2) $f(x) = \tan^{-1} x$　$(x = 1)$

2 次の関数の $x = 0$ における 2 次近似式を求め，等式で表せ.　→ 教 p.5 問·2

(1) $f(x) = \cos(x + \pi)$　　　(2) $f(x) = \dfrac{1}{\sqrt{1 - x}}$

(3) $f(x) = (x + 1)\log(x + 1)$　　(4) $f(x) = \sin x^2$

3 $f(x) = \log(1 - x)$ の $x = 0$ における 2 次近似式を用いて，$\log 0.9$ の近似値を　→ 教 p.5 問·3
小数第 3 位まで求めよ.

4 関数 e^x の $x = 0$ における 4 次近似式を用いて，$\sqrt{e}$ の近似値を小数第 4 位まで　→ 教 p.7 問·4
求めよ. また，$(\sqrt{e})^2 = e$ を用いて，e の近似値を求めよ.

5 関数 $\sqrt{x}$ の $x = 1$ における 4 次近似式を求め，$x = 1$ の近くで次の等式が成り　→ 教 p.7 問·5
立つことを証明せよ.

$$\sqrt{x} = 1 + \frac{1}{2}(x-1) - \frac{1}{8}(x-1)^2 + \frac{1}{16}(x-1)^3 - \frac{5}{128}(x-1)^4 + o\big((x-1)^4\big)$$

6 関数 $\dfrac{1}{(1 - x)^2}$ の $x = 0$ における n 次近似式を求め，$x = 0$ の近くで次のよう　→ 教 p.7 問·6
に表されることを証明せよ.

$$\frac{1}{(1 - x)^2} = 1 + 2x + 3x^2 + 4x^3 + \cdots + (n + 1)x^n + o(x^n)$$

7 関数 $f(x) = 2x - e^{2x}$ について，次の問いに答えよ.　→ 教 p.9 問·7

(1) $f'(x)$ を求め，$f'(0) = 0$ が成り立つことを確かめよ.

(2) $f(x)$ は $x = 0$ で極値をとるかどうかを調べよ.

8 関数 $f(x) = 2\sin x - x$ $(0 \leqq x < 2\pi)$ について，次の問いに答えよ.　→ 教 p.9 問·8

(1) $f'(x) = 0$ となる x の値を求めよ.

(2) $f(x)$ の極値を調べよ.

9 次の極限値を求めよ.　→ 教 p.11 問·9

(1) $\displaystyle\lim_{n \to \infty} \frac{(n + 1)^2}{n^2 + 1}$　　　　(2) $\displaystyle\lim_{n \to \infty} \frac{2 - \sqrt{n}}{\sqrt{n - 2}}$

(3) $\displaystyle\lim_{n \to \infty} (\sqrt{n^2 + 1} - n)$　　(4) $\displaystyle\lim_{n \to \infty} \frac{1}{\sqrt{n^2 + n} - \sqrt{n^2 + 1}}$

10 次の等比数列の収束・発散を調べよ.　→ 教 p.12 問·10

(1) $\left\{ \left(\cos \dfrac{3}{4}\pi\right)^n \right\}$　　(2) $\left\{ \dfrac{\pi^n}{3^n} \right\}$　　(3) $\left\{ \left(\dfrac{1}{2\sqrt{2} - 3}\right)^n \right\}$

11 級数 $\displaystyle\sum_{n=1}^{\infty} \frac{1}{n^2 + 5n + 6}$ に対して，次の問いに答えよ． → 教 p.14 問・11

(1) 第 n 部分和 $S_n = \displaystyle\sum_{k=1}^{n} \frac{1}{k^2 + 5k + 6}$ を求めよ．

(2) 級数 $\displaystyle\sum_{n=1}^{\infty} \frac{1}{n^2 + 5n + 6}$ の収束・発散を調べ，収束するときはその和を求めよ．

12 次の級数は発散することを証明せよ． → 教 p.15 問・12

$$\frac{1}{2} + \frac{3}{5} + \frac{5}{8} + \cdots + \frac{2n-1}{3n-1} + \cdots$$

13 次の等比級数の収束・発散を調べ，収束するときはその和を求めよ． → 教 p.16 問・13

(1) $2 - 1 + \dfrac{1}{2} - \dfrac{1}{4} + \cdots$ (2) $3 + \sqrt{3} + 1 + \dfrac{1}{\sqrt{3}} + \cdots$

(3) $1 - \dfrac{e}{2} + \dfrac{e^2}{4} - \dfrac{e^3}{8} + \cdots$ (4) $0.2 + 0.04 + 0.008 + 0.0016 + \cdots$

14 単位円周上を 点 P が $A(1,0)$ を出発して，原点の周りに順に → 教 p.17 問・14

$$\frac{7}{6}\pi, \ \frac{7}{18}\pi, \ \frac{7}{54}\pi, \ \cdots$$

というように前に移動した角の $\dfrac{1}{3}$ ずつの回転移動を繰り返すとき，点 P は A からどれだけ回転した位置に近づくか求めよ．また，近づく点の座標を求めよ．

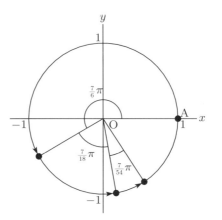

15 次のべき級数が収束するように x の範囲を定め，和を求めよ． → 教 p.18 問・15

$$1 - \frac{1}{2}x + \frac{1}{4}x^2 - \frac{1}{8}x^3 + \cdots$$

16 関数 $f(x) = \dfrac{1}{3 + x}$ をマクローリン展開せよ． → 教 p.20 問・16

17 次の式が成り立つことを用いて，関数 $\dfrac{1}{(1+x)^2}$ のマクローリン展開を求めよ． → 教 p.22 問・17

$$\frac{1}{(1-x)^2} = 1 + 2x + 3x^2 + 4x^3 + \cdots + (n+1)x^n + \cdots \quad (|x| < 1)$$

18 $\cos x = \cos\left(\dfrac{\pi}{2} + \left(x - \dfrac{\pi}{2}\right)\right) = -\sin\left(x - \dfrac{\pi}{2}\right)$ と変形し，次の式が成り立つことを用いて，関数 $\cos x$ の $x = \dfrac{\pi}{2}$ におけるテイラー展開を求めよ． → 教 p.22 問・18

$$\sin x = x - \frac{1}{3!}x^3 + \frac{1}{5!}x^5 + \cdots + (-1)^n \frac{1}{(2n+1)!}x^{2n+1} + \cdots$$

19 実数 x について，次の等式を証明せよ． → 教 p.24 問・19

(1) $e^{i\pi} = -1$ (2) $e^{i(x+\pi)} = -e^{ix}$

20 ド・モアブルの公式を用いて，次の 2 倍角の公式が成り立つことを証明せよ． → 教 p.24 問·20

$$\sin 2x = 2\sin x \cos x, \quad \cos 2x = \cos^2 x - \sin^2 x$$

21 $\alpha = \dfrac{1-i}{\sqrt{2}}$ とするとき，α^5 の実部と虚部を求めよ． → 教 p.25 問·21

22 次の関数の導関数を求めよ． → 教 p.25 問·22

(1) $e^{(3-2i)x}$ 　　　(2) $e^{i(2+i)x}$ 　　　(3) xe^{-3ix}

Check

23 次の関数の (　) 内の点における 4 次近似式を求め，等式で表せ．

(1) $\dfrac{1}{x^3}$　$(x=1)$

(2) $\sin 3x$　$(x=0)$

24 $\sqrt[3]{1+x}$ の $x=0$ における 3 次近似式を用いて，$\sqrt[3]{0.9}$ の近似値を小数第 3 位まで求めよ．

25 関数 $f(x)=\dfrac{x}{e^x}$ について，次の問いに答えよ．

(1) $f'(x)=0$ となる x の値を求めよ．

(2) $f''(x)$ を用いて，$f(x)$ の極値を調べよ．

26 第 n 項が次の式で表される数列の収束・発散を調べよ．

(1) $\dfrac{4n^2+1}{3-2n^2}$

(2) $\sqrt{n^2+n}-\sqrt{n}$

(3) $\dfrac{2^n+5^{n+1}}{5^n-2}$

(4) $\log(n+1)-\log n$

27 次の等比数列の収束・発散を調べよ．

(1) $\left\{\dfrac{e^n}{(-3)^n}\right\}$

(2) $\left\{\tan^n \dfrac{2}{3}\pi\right\}$

(3) $\left\{\left(\dfrac{3-\sqrt{5}}{\sqrt{5}-2}\right)^n\right\}$

28 次の級数の収束・発散を調べ，収束するときは和を求めよ．

(1) $\displaystyle\sum_{n=1}^{\infty} \dfrac{1}{(n+1)(n+2)}$

(2) $\displaystyle\sum_{n=1}^{\infty} \dfrac{n^2}{(n+1)(n+2)}$

29 次の等比級数の収束・発散を調べ，収束するときは和を求めよ．

(1) $\dfrac{2}{3}-\dfrac{4}{9}+\dfrac{8}{27}-\dfrac{16}{81}+\cdots$

(2) $4+2\sqrt{3}+3+\dfrac{3\sqrt{3}}{2}+\cdots$

(3) $3-0.3+0.03-0.003+\cdots$

(4) $3-2\sqrt{3}+4-\dfrac{8\sqrt{3}}{3}+\cdots$

30 次の関数 $f(x)$ をマクローリン展開せよ．ただし
$$\lim_{n\to\infty}\left\{f(x)-\sum_{k=0}^{n}\dfrac{f^{(k)}(0)}{k!}x^k\right\}=0$$
が成り立つ x の範囲について考えているものとする．

(1) $f(x)=e^{-3x}$

(2) $f(x)=\log(2-x)$

31 次の等式を証明せよ．

(1) $\dfrac{1}{e^{ix}}=e^{-ix}$

(2) $(e^{ix})^n=e^{inx}$ （n は整数）

32 $\alpha=\dfrac{i-\sqrt{3}}{2}$ とするとき，α^{30} の値を求めよ．

33 次の関数の導関数を求めよ．

(1) $(e^{ix})^3$

(2) $\dfrac{e^{ix}}{e^x}$

Step up

●● ○○

例題 関数 $f(x) = x - e^x \cos x$ について，次の問いに答えよ.

(1) $f'(x),\ f''(x),\ f'''(x)$ を求めよ.

(2) $f(x)$ の $x = 0$ における 3 次近似式を求め，等式で表せ.

(3) $f(x)$ は $x = 0$ で極値をとるかどうかを調べよ.

解 (1) $f'(x) = 1 - e^x(\cos x - \sin x)$

$\qquad f''(x) = 2e^x \sin x$

$\qquad f'''(x) = 2e^x(\sin x + \cos x)$

(2) $f(0) = -1,\ f'(0) = f''(0) = 0,\ f'''(0) = 2$ より

$$f(x) = -1 + \frac{1}{3}x^3 + o(x^3)$$

(3) $f(x) - f(0) = f(x) + 1 = \left(\dfrac{1}{3} + \dfrac{o(x^3)}{x^3}\right)x^3$ と変形する.

$\displaystyle\lim_{x \to 0} \frac{o(x^3)}{x^3} = 0$ だから，$|x|$ が十分小さいとき　$\dfrac{1}{3} + \dfrac{o(x^3)}{x^3} > 0$

したがって

$\qquad x > 0 \Longrightarrow f(x) > f(0)$

$\qquad x < 0 \Longrightarrow f(x) < f(0)$

よって，$f(x)$ は $x = 0$ で極値をとらない. //

34 関数 $f(x)$ が n 回微分可能で

$$f'(a) = f''(a) = \cdots = f^{(n-1)}(a) = 0,\ f^{(n)}(a) \neq 0$$

を満たすとき，$f(x)$ の $x = a$ における n 次近似式を用いて，次を証明せよ.

(1) n が偶数の場合

$\quad f^{(n)}(a) < 0 \Longrightarrow f(x)$ は $x = a$ で極大値をとる

$\quad f^{(n)}(a) > 0 \Longrightarrow f(x)$ は $x = a$ で極小値をとる

(2) n が奇数の場合

$\quad f(x)$ は $x = a$ で極値をとらない

35 関数 $f(x) = x^2 + 2\cos x$ について，次の問いに答えよ.

(1) $f'(x),\ f''(x),\ f'''(x),\ f^{(4)}(x)$ を求めよ.

(2) $f(x)$ は $x = 0$ で極値をとるかどうか調べよ.

36 関数 $f(x) = x^3 e^x$ について，次の問いに答えよ.

(1) $f'(x) = 0$ となる x の値を求めよ.

(2) (1)で求めた x の値について，$f(x)$ が極値をとるかどうか調べよ.

例題 等比級数 $\displaystyle\sum_{n=1}^{\infty} x^{n-1}(1-x)^{n-1}$ が収束するように x の範囲を定め，そのときの和を求めよ．

....

解 初項 1，公比 $x(1-x)$ の等比級数だから，$|x(1-x)| < 1$ のとき収束する．
$-1 < x(1-x) < 1$ より

$$\begin{cases} x^2 - x - 1 < 0 & ① \\ x^2 - x + 1 > 0 & ② \end{cases}$$

①の解は，$\dfrac{1-\sqrt{5}}{2} < x < \dfrac{1+\sqrt{5}}{2}$

②の解は，実数全体

よって，この級数が収束する x の範囲は

$$\frac{1-\sqrt{5}}{2} < x < \frac{1+\sqrt{5}}{2}$$

であり，そのときの和は

$$\frac{1}{1-x(1-x)} = \frac{1}{x^2 - x + 1} \qquad //$$

37 次の等比級数が収束するように x の範囲を定め，そのときの和を求めよ．

(1) $\displaystyle\sum_{n=1}^{\infty} x^n (2-3x)^{n-1}$ (2) $\displaystyle\sum_{n=1}^{\infty} \frac{1}{(1-x)^n}$

例題 $|x| < 1$ のとき

$$\frac{1}{1-x} = 1 + x + x^2 + \cdots + x^n + \cdots = \sum_{n=0}^{\infty} x^n$$

が成り立つ．このことを用いて，関数 $\dfrac{1}{x(1-x)}$ を収束する級数 $\displaystyle\sum_{n=N}^{\infty} a_n x^n$

または $\displaystyle\sum_{n=N}^{\infty} \frac{a_n}{x^n}$ (N は整数) の形で表せ．

....

解 (i) $0 < |x| < 1$ のとき

$$\frac{1}{x(1-x)} = \frac{1}{x} \sum_{n=0}^{\infty} x^n = \sum_{n=0}^{\infty} x^{n-1} = \sum_{n=-1}^{\infty} x^n$$

(ii) $|x| > 1$ のとき，$\left|\dfrac{1}{x}\right| < 1$ だから

$$\frac{1}{x(1-x)} = -\frac{1}{x^2\left(1 - \dfrac{1}{x}\right)} = -\frac{1}{x^2} \sum_{n=0}^{\infty} \left(\frac{1}{x}\right)^n$$

$$= -\sum_{n=0}^{\infty} \frac{1}{x^{n+2}} = \sum_{n=2}^{\infty} \frac{-1}{x^n} \qquad //$$

38 次の関数を，収束する級数 $\displaystyle\sum_{n=N}^{\infty} a_n x^n$ または $\displaystyle\sum_{n=N}^{\infty} \frac{a_n}{x^n}$ (N は整数) の形で表せ．

(1) $\dfrac{x^2}{1+x^2}$ (2) $\dfrac{1+x}{x(1-x)}$

例題 関数 $f(x) = \sin^{-1} x \ (-1 < x < 1)$ について，次の問いに答えよ.

(1) $f'(x),\ f''(x),\ f'''(x)$ を求めよ.

(2) $f(x)$ を x^3 の項までマクローリン展開せよ.

(3) $\displaystyle\lim_{x \to 0} \frac{\sin^{-1} x}{x}$ および $\displaystyle\lim_{x \to 0} \frac{\sin^{-1} x - x}{x^3}$ の値を求めよ. （島根大 改）

解 (1) $f'(x) = (1 - x^2)^{-\frac{1}{2}}$

$\qquad f''(x) = x(1 - x^2)^{-\frac{3}{2}}$

$\qquad f'''(x) = (1 - x^2)^{-\frac{3}{2}} + 3x^2(1 - x^2)^{-\frac{5}{2}}$

(2) $f(0) = 0,\ f'(0) = 1,\ f''(0) = 0,\ f'''(0) = 1$ より

$\qquad \sin^{-1} x = x + \dfrac{1}{6}x^3 + \cdots \quad (-1 < x < 1)$

(3) $-1 < x < 1,\ x \neq 0$ のとき

$\qquad \sin^{-1} x = x + \dfrac{1}{6}x^3 + o(x^3)$

よって

$$\frac{\sin^{-1} x}{x} = \frac{x + \dfrac{1}{6}x^3 + o(x^3)}{x} = 1 + \frac{1}{6}x^2 + \frac{o(x^3)}{x}$$

また，$\displaystyle\lim_{x \to 0} \frac{o(x^3)}{x^3} = 0$ より $\displaystyle\lim_{x \to 0} \frac{o(x^3)}{x} = \lim_{x \to 0} \frac{o(x^3)}{x^3} \cdot x^2 = 0$ だから

$$\lim_{x \to 0} \frac{\sin^{-1} x}{x} = \lim_{x \to 0}\left(1 + \frac{1}{6}x^2 + \frac{o(x^3)}{x}\right) = 1$$

同様に

$$\lim_{x \to 0} \frac{\sin^{-1} x - x}{x^3} = \lim_{x \to 0} \frac{\left(x + \dfrac{1}{6}x^3 + o(x^3)\right) - x}{x^3}$$

$$= \lim_{x \to 0}\left(\frac{1}{6} + \frac{o(x^3)}{x^3}\right) = \frac{1}{6} \qquad /\!/$$

39 次の問いに答えよ.

(1) $\log(1 + 2x)$ をマクローリン展開せよ. ただし，剰余項および収束域は求めなくてよい.

(2) 次の極限を求めよ. $\displaystyle\lim_{x \to 0} \frac{x}{\log(1 + 2x)}$ （香川大）

40 指数関数と三角関数のマクローリン級数を利用して，次の極限値を求めなさい.

$\displaystyle\lim_{x \to 0} \frac{e^{x^2} - 1 - x^2}{x - \sin x}$ （和歌山大）

41 次の問いに答えなさい. ただし，$\log x$ の底は，自然対数の底 (e) とする.

(1) 関数 $\log(1 + x)$ と $x\cos x$ を，それぞれ 3 次の項までマクローリン展開しなさい.

(2) $\displaystyle\lim_{x \to 0+0}\left(\frac{1}{\log(1 + x)} - \frac{1}{x\cos x}\right)$ を求めなさい. （千葉大）

Plus

1 ── 循環小数

$$0.222\cdots, \quad 0.464646\cdots, \quad 8.97123123123\cdots$$

などのように，いくつかの数字が同じ順序で繰り返し現れる無限小数を **循環小数** という．循環小数は，循環する小数部分の最初と最後の数字の上に点をつけて表す．

例 1 $0.222\cdots = 0.\dot{2}, \quad 0.464646\cdots = 0.\dot{4}\dot{6}, \quad 8.97123123123\cdots = 8.97\dot{1}2\dot{3}$

循環小数は，等比級数の和を考えることによって，分数で表すことができる．

例題 循環小数 $0.\dot{4}\dot{6}$ を分数に直せ.

解 $0.\dot{4}\dot{6} = 0.464646\cdots$ を

$$0.46 + 0.0046 + 0.000046 + \cdots$$
$$= 0.46 + 0.46 \times 0.01 + 0.46 \times 0.01^2 + \cdots$$

として，初項 0.46，公比 0.01 の等比級数と考える．$|0.01| < 1$ だから収束し，その和を考えると

$$0.\dot{4}\dot{6} = \frac{0.46}{1 - 0.01} = \frac{46}{99} \qquad \text{//}$$

42 次の循環小数を分数に直せ.

(1) $0.\dot{0}\dot{3}$　　　　(2) $0.6\dot{5}\dot{4}$　　　　(3) $2.5\dot{3}$　　　　(4) $0.\dot{1}42857\dot{7}$

43 p, q は整数で $1 \leqq q < p \leqq 9$ とする.$\dfrac{q}{p} \leqq 0.\dot{q}\dot{p}$ となる p, q の値をすべて求めよ.

（津田塾大）

2 ── マクローリン展開による計算

マクローリン展開は，関数 $f(x)$ についてただ1つに定まる．また，収束する範囲内では，通常の関数と同様にして，和，積，合成などのマクローリン展開を求めることができる．

例題 関数 $e^{\sin x}$ を x^4 の項までマクローリン展開せよ.

解 $e^{\sin x}$ は e^x と $\sin x$ の合成関数だから，それぞれのマクローリン展開

$$e^x = 1 + x + \frac{1}{2}x^2 + \frac{1}{6}x^3 + \frac{1}{24}x^4 + \cdots$$
$$\sin x = x - \frac{1}{6}x^3 + \cdots$$

より

$$e^{\sin x} = 1 + \sin x + \frac{1}{2}\sin^2 x + \frac{1}{6}\sin^3 x + \frac{1}{24}\sin^4 x + \cdots$$

$$= 1 + \left(x - \frac{1}{6}x^3 + \cdots\right) + \frac{1}{2}\left(x - \frac{1}{6}x^3 + \cdots\right)^2$$
$$\qquad + \frac{1}{6}\left(x - \frac{1}{6}x^3 + \cdots\right)^3 + \frac{1}{24}\left(x - \frac{1}{6}x^3 + \cdots\right)^4 + \cdots$$
$$= 1 + \left(x - \frac{1}{6}x^3 + \cdots\right) + \frac{1}{2}\left(x^2 - \frac{1}{3}x^4 + \cdots\right)$$
$$\qquad + \frac{1}{6}\left(x^3 + \cdots\right) + \frac{1}{24}\left(x^4 + \cdots\right) + \cdots$$
$$= 1 + x + \frac{1}{2}x^2 - \frac{1}{8}x^4 + \cdots \qquad /\!/$$

44 次の関数を（　）内で指定された項までマクローリン展開せよ.

(1) $(1-x)e^x$ 　　　　　　　　（x^3 の項まで）　　　　　　　（佐賀大）

(2) $e^x \sin x$ 　　　　　　　　（x^3 の項まで）　　　　　　　（室蘭工大）

(3) $\dfrac{\cos x}{x^2 + 1}$ 　　　　　　　（x^4 の項まで）　　　　　　　（名古屋工大）

45 $f(x) = \dfrac{-4x + 6}{x^2 - 4x + 3}$ をマクローリン展開せよ.　　　　　　（静岡大）

46 $\log(1+x)$ のマクローリン級数展開を利用して, $\log(3 + 3x - 6x^2)$ のマクローリン級数展開を求めよ. (収束する範囲は求めなくてよい)　　　（名古屋工大）

例題 関数 $f(x)$ のマクローリン展開を
$$f(x) = a_0 + a_1 x + a_2 x^2 + \cdots$$
とおくとき, 0 以上の整数 n について, 次を証明せよ.

(1) $f(x)$ が偶関数のとき $a_{2n+1} = 0$

(2) $f(x)$ が奇関数のとき $a_{2n} = 0$

....

解 (1) $f(x)$ は偶関数より $f(-x) = f(x)$ が成り立つから
$$a_0 + a_1(-x) + a_2(-x)^2 + a_3(-x)^3 + \cdots$$
$$\qquad\qquad = a_0 + a_1 x + a_2 x^2 + a_3 x^3 + \cdots$$
$$a_0 - a_1 x + a_2 x^2 - a_3 x^3 + \cdots = a_0 + a_1 x + a_2 x^2 + a_3 x^3 + \cdots$$
両辺の係数を比較すると $-a_{2n+1} = a_{2n+1}$ となるから
$$a_{2n+1} = 0$$

(2) 同様に, $f(x)$ は奇関数より $f(-x) = -f(x)$ が成り立つから
$$a_0 + a_1(-x) + a_2(-x)^2 + a_3(-x)^3 + \cdots$$
$$\qquad\qquad = -(a_0 + a_1 x + a_2 x^2 + a_3 x^3 + \cdots)$$
$$a_0 - a_1 x + a_2 x^2 - a_3 x^3 + \cdots = -a_0 - a_1 x - a_2 x^2 - a_3 x^3 - \cdots$$
両辺の係数を比較すると $a_{2n} = -a_{2n}$ となるから
$$a_{2n} = 0 \qquad /\!/$$

47 関数 $f(x)$ を $f(x) = \dfrac{e^{2x} + e^{-2x}}{2}$ と定義する.

(1) $f(x)$ の 1 次から 4 次までの導関数 $f'(x)$, $f''(x)$, $f^{(3)}(x)$, $f^{(4)}(x)$ を求めよ.

(2) $f(x)$ の $x = 0$ における 1 次から 4 次までの微分係数 $f'(0)$, $f''(0)$, $f^{(3)}(0)$, $f^{(4)}(0)$ を求めよ.

(3) $f(x)$ のマクローリン級数展開を 4 次の項まで求めよ. （大分大）

48 関数 $\dfrac{1}{\cos x}$ を x^4 の項までマクローリン展開せよ.

$\cos x \cdot \dfrac{1}{\cos x} = 1$
を用いよ.

3── 補章関連

49 次の問いに答えよ.
→ 教 p.134 問・1

(1) $|x|$ が 1 と比べて非常に小さいときに $\sqrt{1+x}$ を最もよく近似する x の 1 次式 $p_1(x)$ を求めよ.

(2) 上の $p_1(x)$ に対して, $x \geqq 0$ のとき $\left|\sqrt{1+x} - p_1(x)\right| \leqq \dfrac{x^2}{8}$ が成り立つことを示せ. （滋賀県立大）

50 $f(x) = \log(1 + \sin x)$ とおく. 以下の問いに答えよ.
→ 教 p.134 問・1 問・2

(1) $f(x) = a_0 + a_1 x + a_2 x^2 + a_3 x^3 + o(x^3)$ を満たす a_0, a_1, a_2, a_3 を求めよ. ただし, $o(\cdot)$ はランダウの記号 (スモール・オー) を表す.

(2) $\displaystyle\lim_{x \to 0} \dfrac{\log(1 + \sin x) - x}{3x^2}$ を求めよ.

(3) $f\left(\dfrac{1}{3}\right)$ の近似値を誤差 $\dfrac{1}{100}$ 未満で求めよ（求めた近似値の誤差が $\dfrac{1}{100}$ 未満であることの根拠も述べること）. （筑波大）

51 次の問いに答えよ.
→ 教 p.134 問・1 問・2

(1) $1 - \dfrac{1}{3!} + \dfrac{1}{5!}$ を循環小数で表せ.

(2) マクローリンの定理を用いて, 次が成り立つことを示せ.
$$\left| \sin x - \left(x - \dfrac{x^3}{3!} + \dfrac{x^5}{5!}\right) \right| \leqq \dfrac{|x|^7}{7!}$$

(3) $\dfrac{n}{1000} \leqq \sin 1 < \dfrac{n+1}{1000}$ を満たす自然数 n を求めよ. （富山大）

4── いろいろな問題

52 2 直線 $A: y = mx$, $B: y = -mx$　$(m > 0)$ と, y 軸上の $y > 0$ の部分に中心をもつ円を考える.

(1) 半径 r_0 の円を 2 直線に接するように描くとき, その中心の座標 $(0, y_0)$ を求めよ.

(2) 上の円の下に, この円と 2 直線に接するように半径 r_1 の円を描くことがで

きる．この円の半径 r_1 を求めよ．

(3) 上の操作を順次行えば，無限個の円を描くことができる．$r_0 = 1$ から始め
たとき，すべての円の面積の総和を求めよ．　　　　　　　　　　（豊橋技科大）

53 方程式 $\sin x = 0$ の解は $x = m\pi$ $(m = 0, \pm 1, \pm 2, \pm 3, \ldots)$ であることか
ら，多項式
$$g_n(x) = Cx\left[\left(1 - \frac{x}{\pi}\right)\left(1 + \frac{x}{\pi}\right)\right]\left[\left(1 - \frac{x}{2\pi}\right)\left(1 + \frac{x}{2\pi}\right)\right]$$
$$\cdots\left[\left(1 - \frac{x}{n\pi}\right)\left(1 + \frac{x}{n\pi}\right)\right]$$

は，定数 C を適切に選べば $x = 0$ のまわりで $\sin x$ の良い近似であることがわ
かっている．ここで，n は正の大きな整数である．この多項式と $x = 0$ のまわ
りでのベキ級数展開
$$\sin x = a_0 + a_1 x + a_2 x^2 + a_3 x^3 + \ldots$$
を比較する．ここで，a_k $(k = 0, 1, 2, \ldots)$ は定数である．

(1) $\sin x$ のベキ級数展開の 3 次の項まで，すなわち a_0, a_1, a_2, a_3 を求めよ．

(2) 多項式 $g_n(x)$ と (1) で求めたベキ級数展開との 1 次の項の係数が一致する
ように C の値を決めよ．

(3) 多項式 $g_n(x)$ と (1) で求めたベキ級数展開との 3 次の項の係数は $n \to \infty$
の極限で一致する．このことを使って，次の無限級数の和を求めよ．
$$\frac{1}{1^2} + \frac{1}{2^2} + \frac{1}{3^2} + \cdots + \frac{1}{n^2} + \cdots \qquad \text{（筑波大）}$$

54 $f(x)$ を $f'(x) = f(x)$, $f(0) = 1$ を満たす関数とする．次の問いに答えよ．

(1) $\{e^{-x}f(x)\}' = 0$ を証明せよ．また，これを用いて $f(x)$ を求めよ．

(2) $f(x)$ をマクローリン展開せよ．

(3) $\displaystyle\lim_{n\to\infty} \log\left\{\frac{1}{2!} - \frac{1}{3!} + \frac{1}{4!} - \cdots + (-1)^n\frac{1}{n!}\right\}$ の値を求めよ．　（金沢大）

(2) の第 n 部分和を
用いよ．

55 次の関数を（　）内に指定された点におけるテイラー展開を 3 次の項まで求めよ．

(1) $f(x) = \sin x$ 　　　　　$(x = \pi)$ 　　　　　　　　（和歌山大 改）

(2) $f(x) = x\cos x$ 　　　　$\left(x = \dfrac{\pi}{2}\right)$ 　　　　　　　（和歌山大 改）

56 関数 $f(x) = -\dfrac{1}{x^2} + \dfrac{2}{x^4}$ を考える．ただし，x は正の実数とする．

(1) 最小となる x の値 x_0 を求めよ．

(2) $x = x_0$ の周りでテイラー展開をして $x - x_0$ の 2 乗の項までの近似式を求
めよ．　　　　　　　　　　　　　　　　　　　　　　　　　（奈良女子大）

57 次の式を証明せよ．ただし，e^x のテイラー展開を利用せよ．
$$\lim_{x\to\infty} \frac{e^x}{x^\alpha} = \infty \qquad (\alpha \text{ は定数}) \qquad \text{（都立大）}$$

58 関数 $f(x) = \sin 2x$ の $x = \dfrac{\pi}{2}$ におけるテイラー展開について以下の問いに答えよ．ただし，$f(x)$ の $x = a$ におけるテイラー展開は，正の整数 n に対して

$$f(x) = f(a) + \sum_{k=1}^{n} \frac{1}{k!} f^{(k)}(a)(x-a)^k + R_{n+1}$$

と表される．ここで，剰余項 R_{n+1} は，$a < p < x$ である p が存在して

$$R_{n+1} = \frac{1}{(n+1)!} f^{(n+1)}(p)(x-a)^{n+1}$$

と表される．

(1) $\left(x - \dfrac{\pi}{2}\right)^4$ の項までテイラー展開せよ．ただし，ここでは剰余項は求めなくてよい．

(2) $\dfrac{\pi}{2} < x < \pi$ を満たす範囲の x に対して，剰余項 R_5 は $|R_5| < \dfrac{\pi^5}{5!}$ を満たすことを示せ．

(筑波大)

2 章　偏微分

1　偏微分法

まとめ

●2 変数関数 $z = f(x, y)$

定義域：独立変数の組 (x, y) のとり得る範囲

値　域：定義域に対する従属変数 z の値の範囲

●偏微分係数

$$f_x(a, b) = \lim_{x \to a} \frac{f(x, b) - f(a, b)}{x - a} = \lim_{h \to 0} \frac{f(a + h, b) - f(a, b)}{h}$$

$$f_y(a, b) = \lim_{y \to b} \frac{f(a, y) - f(a, b)}{y - b} = \lim_{k \to 0} \frac{f(a, b + k) - f(a, b)}{k}$$

●偏導関数

点 (x, y) にその点における x(または y) についての偏微分係数を対応させる.

この関数を偏導関数という.

●全微分　$\Delta z = f(a + \Delta x, b + \Delta y) - f(a, b)$ とおく.

○ $f(x, y)$ が点 (a, b) で全微分可能

$$\iff \Delta z = f_x(a, b)\Delta x + f_y(a, b)\Delta y + \varepsilon$$

$$\text{ただし}\quad \lim_{(\Delta x, \Delta y) \to (0,0)} \frac{\varepsilon}{\sqrt{(\Delta x)^2 + (\Delta y)^2}} = 0$$

○ $\Delta z \fallingdotseq f_x(a, b)\Delta x + f_y(a, b)\Delta y$

○ 全微分　$dz = f_x dx + f_y dy,\quad dz = \dfrac{\partial z}{\partial x} dx + \dfrac{\partial z}{\partial y} dy$

●接平面の方程式

曲面 $z = f(x, y)$ 上の点 $(a, b, f(a, b))$ における接平面の方程式は

$$z - f(a, b) = f_x(a, b)(x - a) + f_y(a, b)(y - b)$$

●合成関数の微分法

○ $z = f(x, y), x = x(t), y = y(t)$ のとき

$$\frac{dz}{dt} = \frac{\partial z}{\partial x} \frac{dx}{dt} + \frac{\partial z}{\partial y} \frac{dy}{dt}$$

○ $z = f(x, y), x = x(u, v), y = y(u, v)$ のとき

$$\frac{\partial z}{\partial u} = \frac{\partial z}{\partial x} \frac{\partial x}{\partial u} + \frac{\partial z}{\partial y} \frac{\partial y}{\partial u},\quad \frac{\partial z}{\partial v} = \frac{\partial z}{\partial x} \frac{\partial x}{\partial v} + \frac{\partial z}{\partial y} \frac{\partial y}{\partial v}$$

Basic

59 次の平面の法線ベクトルの1つを求めよ. →教p.31 問·1

(1) $z = 3 + 2x - y$ (2) $3x + y + z = 2$

60 次の関数で表される曲面は,どのような曲面であるか. →教p.32 問·2

(1) $z = \sqrt{x^2 + y^2} - 1$ (2) $z = (x^2 + y^2) + 1$

(3) $z = \sin\sqrt{x^2 + y^2}$ (4) $z = \sqrt{9 - x^2 - y^2}$

61 次の関数を偏微分せよ. →教p.35 問·3

(1) $z = 2x^2 - 5xy + 3y^2$ (2) $z = 3x^3 y + 2x^2 y^2$

(3) $z = y \log x$ (4) $z = e^{2x} \sin 3y$

(5) $z = (3x - 2y)^3$ (6) $z = e^{5x - 3y}$

(7) $z = \sqrt{x^2 + y^2}$ (8) $z = (2x - y)\tan(2x + y)$

(9) $z = \dfrac{3x + y}{x - 3y}$ (10) $z = \dfrac{\cos x + \sin y}{\cos x - \sin y}$

62 次の関数の点 $(2,\ 1)$ における偏微分係数を求めよ. →教p.35 問·4

(1) $f(x,\ y) = x^2 - 2xy + y^4$ (2) $f(x,\ y) = e^{xy}$

(3) $f(x,\ y) = \log(xy + y^2)$ (4) $f(x,\ y) = \sqrt{x^2 y^2 + 1}$

63 次の関数を偏微分せよ. また,点 $(1,\ 0,\ -1)$ における偏微分係数を求めよ. →教p.36 問·5

(1) $f(x,\ y,\ z) = 5xy + yz + 2zx$ (2) $f(x,\ y,\ z) = (x - 2y + z)^4$

(3) $f(x,\ y,\ z) = \dfrac{x^2 y}{z}$ (4) $f(x,\ y,\ z) = e^{2xy - yz + zx}$

64 次の関数の全微分を求めよ. →教p.38 問·6

(1) $z = 3x^4 y^3 - 2xy^2$ (2) $z = (x - 3)\sqrt{2y + 5}$

(3) $z = (5x + 2y)^4$ (4) $z = \sin(x^2 + y^3)$

(5) $z = e^{xy^2}$ (6) $z = \dfrac{x - y}{x + y}$

65 底面が一辺 x の正方形で高さ y の直方体について,$x,\ y$ がそれぞれ微小量 →教p.39 問·7

$\Delta x,\ \Delta y$ だけ変化するとき,表面積 S の変化量 ΔS の近似式を求めよ.

66 次の曲面上の指定された点における接平面の方程式を求めよ. →教p.39 問·8

(1) $z = 2x^2 + y^2$ 点 $(1,\ 2,\ 6)$

(2) $z = \sqrt{6 - 2x^2 - 3y^2}$ 点 $(1,\ 1,\ 1)$

(3) $z = \sin(x^2 + y)$ $x = 1,\ y = -1$ に対応する点

(4) $z = \log(2x^2 + y^2)$ $x = 0,\ y = 1$ に対応する点

67 $z = f(x, y)$ が全微分可能で，x, y が次のような t の関数のとき，$\dfrac{dz}{dt}$ を →教 p.41 問·9

$t, \dfrac{\partial z}{\partial x}, \dfrac{\partial z}{\partial y}$ を用いて表せ．

(1) $x = \sin 3t, \ y = \cos 2t$　　　(2) $x = e^t, \ y = t \log t$

(3) $x = \dfrac{t}{t+1}, \ y = \dfrac{t-1}{t+1}$　　(4) $x = \dfrac{1}{\sqrt{2t+1}}, \ y = \sqrt{2t+1}$

68 次の関数について，$\dfrac{dz}{dt}$ を求めよ． →教 p.41 問·10

(1) $z = xy, \ x = e^t + e^{-t}, \ y = e^t - e^{-t}$

(2) $z = \dfrac{1}{x+y}, \ x = \sin t, \ y = \cos t$

(3) $z = \log(x+y), \ x = \sqrt{t^2+1}, \ y = \sqrt{t^2-1}$

(4) $z = \cos(x+2y), \ x = \dfrac{2}{t}, \ y = \log t$

69 次の関数について，z_u, z_v を求めよ． →教 p.42 問·11

(1) $z = xy^2, \ x = u^2 + v, \ y = uv$

(2) $z = \dfrac{y}{x}, \ x = u - v, \ y = 2u + 3v$

(3) $z = 2\sqrt{x+y}, \ x = \sin(u+3v), \ y = \cos(2u-v)$

(4) $z = x \log y, \ x = u + 2v, \ y = uv$

Check

70 次の関数で表される曲面は，どのような曲面であるか．

(1) $z = e^{\sqrt{x^2 + y^2}}$　　　　　　(2) $z = 3 - x^2 - y^2$

71 次の関数を偏微分せよ．

(1) $z = 3x^3 - 2xy + 5y^2$　　　　(2) $z = \sin(4x - 3y)$

(3) $z = \dfrac{x}{x + 2y}$　　　　　　　(4) $z = \dfrac{1}{\sqrt{x^2 - 2y}}$

72 次の関数の点 $(1,\ -1)$ における偏微分係数を求めよ．

(1) $f(x,\ y) = 3x^2 y - 2xy^2$　　　(2) $f(x,\ y) = xe^{xy^2}$

(3) $f(x,\ y) = \log(2x - y^2)$　　　(4) $f(x,\ y) = \sqrt{x^2 - 4xy + 4y^2}$

73 次の関数の全微分を求めよ．

(1) $z = 2x^3 y + 5xy^2$　　　　　(2) $z = \cos\sqrt{x^2 - 2y}$

74 縦の長さが x，横の長さが y，高さが $2x + y^2$ である直方体について，$x,\ y$ がそれぞれ微小量 $\Delta x,\ \Delta y$ だけ変化するときの体積 V の変化量 ΔV はどのような式で近似されるか．

75 次の曲面上の指定された点における接平面の方程式を求めよ．

(1) $z = \sqrt{1 - \dfrac{x^2}{3} - \dfrac{5}{9}y^2}$　　点 $\left(1,\ -1,\ \dfrac{1}{3}\right)$

(2) $z = \dfrac{1}{x^2 + y^2 - 3xy}$　　　　$x = 1,\ y = 0$ に対応する点

76 次の関数について，$\dfrac{dz}{dt}$ を求めよ．

(1) $z = \sin(5x - 2y),\ x = -\dfrac{1}{t},\ y = 4\sqrt{t}$

(2) $z = \log(2x^2 + xy + 5y^2),\ x = \cos t,\ y = \sin t$

77 次の関数について，$z_u,\ z_v$ を求めよ．

(1) $z = \dfrac{1}{x - y},\ x = u^2 + v^2,\ y = 2uv$

(2) $z = \log(3x + 5y),\ x = \sin(u - v),\ y = \cos(u + v)$

Step up

例題　a が正の定数のとき，x, y の関数 $z = \sqrt{a^2 - x^2}$ で表される曲面を求めよ.

解　関数 $z = \sqrt{a^2 - x^2}$ と zx 平面との交線

を求めると，半円周

$$z^2 + x^2 = a^2,\ z \geqq 0$$

になる. y は任意だから，求める曲面は，zx

平面上の円周 $z^2 + x^2 = a^2$ 上の各点を通り

y 軸に平行な直線によって作られる円柱面の $z \geqq 0$ の部分である.　　//

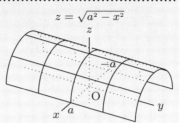

78 次の関数で表される曲面を求めよ.

(1)　$z = \sqrt{1 - y^2}$　　　　　　　(2)　$z = x^2$

(1) は yz 平面, (2) は zx 平面との交線から曲面を考察せよ.

例題　次の関数について，$\displaystyle\lim_{(x,y)\to(0,0)} f(x, y)$ は存在しないことを証明せよ.

$$f(x, y) = \begin{cases} \dfrac{x^2 y}{x^4 + y^2} & ((x, y) \neq (0, 0)\ \text{のとき}) \\ 0 & ((x, y) = (0, 0)\ \text{のとき}) \end{cases}$$

解　(i)　直線 $y = mx$ に沿って近づく場合

$$\lim_{x\to 0} \frac{x^2(mx)}{x^4 + (mx)^2} = \lim_{x\to 0} \frac{mx}{x^2 + m^2} = 0$$

(ii)　放物線 $y = x^2$ に沿って近づく場合

$$\lim_{x\to 0} \frac{x^2(x^2)}{x^4 + (x^2)^2} = \lim_{x\to 0} \frac{x^4}{2x^4} = \frac{1}{2}$$

したがって，$(0, 0)$ への近づき方によって極限値が異なるから

$\displaystyle\lim_{(x,y)\to(0,0)} f(x, y)$ は存在しない.　　//

79 次の関数について，$\displaystyle\lim_{(x,y)\to(0,0)} f(x, y)$ は存在しないことを証明せよ.

$$f(x, y) = \begin{cases} \dfrac{xy^3}{3x^2 + y^6} & ((x, y) \neq (0, 0)\ \text{のとき}) \\ 0 & ((x, y) = (0, 0)\ \text{のとき}) \end{cases}$$

2 偏微分の応用

まとめ

●高次偏導関数

○ $\dfrac{\partial f_x}{\partial x} = f_{xx}, \quad \dfrac{\partial f_x}{\partial y} = f_{xy}, \quad \dfrac{\partial f_y}{\partial x} = f_{yx}, \quad \dfrac{\partial f_y}{\partial y} = f_{yy}$

○ f_{xy} と f_{yx} が存在して，ともに連続 $\implies$ $f_{xy} = f_{yx}$

●極大・極小 $z = f(x, y)$ について

点 (a, b) で極値をとるための必要条件は $f_x(a, b) = 0,\ f_y(a, b) = 0$

このとき，$H = f_{xx}(a, b)f_{yy}(a, b) - \{f_{xy}(a, b)\}^2$ とおく.

(i) $H > 0$ のとき

$f_{xx}(a, b) > 0 \implies$ 点 (a, b) で極小

$f_{xx}(a, b) < 0 \implies$ 点 (a, b) で極大

(ii) $H < 0$ のとき，点 (a, b) で極値をとらない.

●陰関数の微分法

○ $f(x, y) = 0$ のとき $\quad \dfrac{dy}{dx} = -\dfrac{f_x}{f_y} \quad (f_y \neq 0)$

○ $f(x, y, z) = 0$ のとき $\dfrac{\partial z}{\partial x} = -\dfrac{f_x}{f_z}, \dfrac{\partial z}{\partial y} = -\dfrac{f_y}{f_z} \quad (f_z \neq 0)$

●接線と接平面

○ 曲線 $f(x, y) = 0$ 上の点 (a, b) における接線の方程式は
$f_x(a, b)(x - a) + f_y(a, b)(y - b) = 0$

○ 曲面 $f(x, y, z) = 0$ 上の点 (a, b, c) における接平面の方程式は
$f_x(a, b, c)(x - a) + f_y(a, b, c)(y - b) + f_z(a, b, c)(z - c) = 0$

●条件つき極値

条件 $\varphi(x, y) = 0$ のもとで，$z = f(x, y)$ の極値をとる点において
$$\frac{f_x}{\varphi_x} = \frac{f_y}{\varphi_y} \tag{1}$$
(1) は次のようにも表される.
$$f_x = \lambda\varphi_x,\ f_y = \lambda\varphi_y \quad (\lambda \text{ は定数}) \tag{2}$$

●包絡線

α をパラメータとする曲線群 $f(x, y, \alpha) = 0$ の包絡線上の点において
$$f(x, y, \alpha) = 0, \quad f_\alpha(x, y, \alpha) = 0$$

Basic

80 次の関数について，第 2 次偏導関数を求めよ. ➡️ 教 p.46 問·1 問·2

(1) $z = 3x^4y^2 - 2x^2y^3$

(2) $z = \dfrac{x+y}{x-y}$

(3) $z = \cos(x^2 + y^2)$

(4) $z = x\log y$

(5) $z = \sqrt{2x - 4y + 3}$

(6) $z = \log(3x - y + 2)$

(7) $z = xe^{x+y^2}$

(8) $z = \tan(x + y)$

81 次の関数について，z_{xy} と z_{yx} を求めよ. また，z_{xxy} ，z_{xyx} ，z_{yxx} を求めて，その結果を比較せよ. ➡️ 教 p.46 問·3

(1) $z = x^4y - 2xy^3$

(2) $z = \dfrac{1}{2x - y}$

(3) $z = \cos(x + 2y)$

(4) $z = ye^{x^2}$

82 $z = f(x, y)$, $x = a + ht$, $y = b + kt$ のとき，次の等式が成り立つことを証明せよ. ➡️ 教 p.47 問·4

$$\frac{d^3z}{dt^3} = h^3 \frac{\partial^3 z}{\partial x^3} + 3h^2k \frac{\partial^3 z}{\partial x^2 \partial y} + 3hk^2 \frac{\partial^3 z}{\partial x \partial y^2} + k^3 \frac{\partial^3 z}{\partial y^3}$$

83 次の関数が極値をとり得る点を求めよ. ➡️ 教 p.49 問·5

(1) $z = x^2 - xy + y^2 + 5x - 4y$

(2) $z = x^2 + 2xy + 3y^2 - 2x - 6y$

(3) $z = x^2 + 6xy + 2y^3 + 9y^2 - 6y$

84 次の関数の極値を求めよ. ➡️ 教 p.51 問·6

(1) $z = x^2 - 2xy + 2y^2 - 4y$

(2) $z = x^3 - y^3 - 27x + 3y$

(3) $z = x^3 - 12xy - 8y^3$

(4) $z = e^y(x^2 + 2y)$

85 次の方程式で与えられる x の関数 y を微分せよ. ➡️ 教 p.52 問·7

(1) $x^2 - 3xy^2 + 2y^2 - 4 = 0$

(2) $x^4 - y^3 - 2xy^2 = 0$

(3) $x + y - \log(2x + y^2) = 1$

(4) $2\sqrt{x} + 2\sqrt{y} - 1 = 0$

(5) $2\sin x - \cos y = 1$

(6) $e^x + 2e^y = x + 2y$

86 次の方程式で与えられる x, y の関数 z を偏微分せよ. ➡️ 教 p.53 問·8

(1) $2x^2 - 2y^2 - z^2 = 3$

(2) $x^2 + y^2 - xyz + 2 = 0$

(3) $\cos x + \cos y - \cos z = 1$

(4) $\log(xy + yz + zx) = 5$

(5) $e^{xy} + e^{yz} + e^{zx} = 2$

(6) $\sin(xyz) = 0$

87 次の曲面上の指定された点における接平面の方程式を求めよ. 　→ 教 p.54 問·9

(1) $x^2 + y^2 - z^2 = -2$ 　　　　点 $(1,\ 1,\ 2)$

(2) $\sqrt{x} + \sqrt{y} - \sqrt{z} = 1$ 　　　点 $(1,\ 1,\ 1)$

(3) $3x^2 - y^2 + 2z = 0$ 　　　　$x = 1,\ y = -1$ に対応する点

(4) $\log x + y \log z = 0$ 　　　　$x = e,\ y = -1$ に対応する点

88 $x^2 + y^2 = 5$ のとき, 次の関数の最大値, 最小値を求めよ. 　→ 教 p.56 問·10

(1) $z = x - 2y$ 　　　　　　　(2) $z = x^4 y$

89 体積が $2\pi\ \mathrm{cm}^3$ の円柱がある. この円柱の表面積が最小となるときの底面の半径の長さと高さを求めよ. ただし, 最小値をもつとしてよい. 　→ 教 p.56 問·11

90 次の α をパラメータとする曲線群の包絡線の方程式を求めよ. 　→ 教 p.59 問·12

(1) $(x - \alpha)^2 + y^2 = 4$ 　　　　(2) $\alpha x + \dfrac{y}{\alpha} = 2$

Check

91 次の関数について，第 2 次偏導関数を求めよ．

(1) $z = x^4 + 4xy^2 - 2y^3$ (2) $z = e^{3x} \cos 2y$

(3) $z = \dfrac{x}{x + 2y}$ (4) $z = \sqrt{4x - 2y}$

92 次の関数について，第 3 次偏導関数を求めよ．

(1) $z = \dfrac{y^2}{x}$ (2) $z = \sin(3x + 2y - 1)$

93 次の関数の極値を求めよ．

(1) $z = -x^2 - 4xy + y^3 - y^2 - 9y$

(2) $z = x^3 - 9x^2 + 15x + y^2 - 2y + 1$

(3) $z = \sin x - \cos y \quad (0 < x < 2\pi, \ 0 < y < 2\pi)$

94 次の方程式で与えられる x の関数 y を微分せよ．

(1) $x^2 y^4 + 4y^3 - 2x = 0$ (2) $\log(x^2 y^2 + 1) = 1$

95 次の方程式で与えられる x, y の関数 z を偏微分せよ．

(1) $x^2 - y^2 + z^2 - 8x + 2y = 4$ (2) $e^{3x + 2y + z} = 7$

96 次の曲面上の指定された点における接平面の方程式を求めよ．

(1) $3x^2 - y^2 + 2z^2 + xy + 3y + z = 1$ 点 $(1, \ -1, \ 1)$

(2) $y \cos x - z \sin y + x \tan z = \dfrac{3}{4}\pi$ 点 $\left(0, \ \dfrac{\pi}{2}, \ -\dfrac{\pi}{4}\right)$

97 $x^2 + y^2 = 25$ のとき，次の関数の最大値，最小値を求めよ．

(1) $z = 3x - 4y - 5$ (2) $z = x^2 y$

98 次の α をパラメータとする曲線群の包絡線の方程式を求めよ．

(1) $y = \alpha^2 x - 4\alpha$ (2) $y = (x - 2\alpha)^2 - 3\alpha^2$

Step up

例題 関数 $z = x^2 - y^4$ の極値を求めよ.

解 $z_x = 2x = 0$, $z_y = -4y^3 = 0$ より, 極値をとり得る点は $(0,\ 0)$

また, $z_{xx} = 2$, $z_{xy} = 0$, $z_{yy} = -12y^2$ より, 点 $(0,\ 0)$ では

$$H = 2 \cdot 0 - 0^2 = 0$$

よって, H を用いる方法では極値の判定ができない.

しかし, 点 $(0,\ 0)$ を除く x 軸上の点において $z = x^2 > 0$

点 $(0,\ 0)$ を除く y 軸上の点において $z = -y^4 < 0$

となるから, 点 $(0,\ 0)$ では極値をとらないことがわかる.

よって, 極値は存在しない. //

99 関数 $z = 4x^2 - 2xy^2 + y^5$ の極値を求めよ.

例題 $x^2 - 4xy + y^2 = 1$ のとき, $\dfrac{d^2y}{dx^2}$ を求めよ.

解 $f = x^2 - 4xy + y^2 - 1$ とおくと

$$\frac{dy}{dx} = -\frac{f_x}{f_y} = -\frac{2x - 4y}{-4x + 2y} = \frac{x - 2y}{2x - y}$$

この式を再び x で微分して整理すると

$$\frac{d^2y}{dx^2} = \frac{\left(1 - 2\dfrac{dy}{dx}\right)(2x - y) - (x - 2y)\left(2 - \dfrac{dy}{dx}\right)}{(2x - y)^2}$$

$$= \frac{\left(1 - 2\dfrac{x - 2y}{2x - y}\right)(2x - y) - (x - 2y)\left(2 - \dfrac{x - 2y}{2x - y}\right)}{(2x - y)^2}$$

$$= -\frac{3(x^2 - 4xy + y^2)}{(2x - y)^3}$$

ここで $x^2 - 4xy + y^2 = 1$ であることから

$$\frac{d^2y}{dx^2} = -\frac{3}{(2x - y)^3}$$ //

100 次の方程式で与えられる x の関数 y について, $\dfrac{d^2y}{dx^2}$ を求めよ.

(1) $x^2 + 2xy - y^2 = 1$ (2) $x^3 - 3xy + y^3 = 1$

Plus

● ● ●

1——2 変数関数の極値

例題 次の関数の極値を求めよ.

$$z = \sin x + \sin y + \cos(x+y) \quad \left(0 < x < \frac{\pi}{2},\ 0 < y < \frac{\pi}{2}\right)$$

解 極値をとり得る点で

$$\begin{cases} z_x = \cos x - \sin(x+y) = 0 & \text{①} \\ z_y = \cos y - \sin(x+y) = 0 & \text{②} \end{cases}$$

①－② より　$\cos x - \cos y = 0$

三角関数の差を積に直して　$-2\sin\dfrac{x+y}{2}\sin\dfrac{x-y}{2} = 0$

$0 < x < \dfrac{\pi}{2},\ 0 < y < \dfrac{\pi}{2}$　より　$0 < \dfrac{x+y}{2} < \dfrac{\pi}{2},\ -\dfrac{\pi}{4} < \dfrac{x-y}{2} < \dfrac{\pi}{4}$

$$\therefore\ \frac{x-y}{2} = 0\ \text{すなわち}\ x = y$$

①に代入して　$\cos x - \sin 2x = \cos x(1 - 2\sin x) = 0$

$\cos x > 0$ だから　$\sin x = \dfrac{1}{2}$　ゆえに　$x = \dfrac{\pi}{6}$

したがって，極値をとり得る点は　$\left(\dfrac{\pi}{6},\ \dfrac{\pi}{6}\right)$

このとき

$$z_{xx} = -\sin x - \cos(x+y) = -1,\ z_{xy} = -\cos(x+y) = -\frac{1}{2}$$

$$z_{yy} = -\sin y - \cos(x+y) = -1$$

$$\therefore\ H = z_{xx} \cdot z_{yy} - z_{xy}{}^2 = \frac{3}{4} > 0,\ z_{xx} = -1 < 0$$

よって，$\left(\dfrac{\pi}{6},\ \dfrac{\pi}{6}\right)$ で極大になり，極大値は　$\dfrac{3}{2}$　//

101 次の関数の極値を求めよ.

(1) $z = \sin(x-y) + \cos(x+y) \quad (0 < x < \pi,\ 0 < y < \pi)$

(2) $z = \cos x + \cos y + \sin(x+y) \quad (0 < x < \pi,\ 0 < y < \pi)$

2——3 変数関数の極値

関数 $w = f(x,\ y,\ z)$ が点 $(a,\ b,\ c)$ で極値をとるための必要条件は，2 変数関数の場合と同様に

$$f_x(a,\ b,\ c) = 0,\ f_y(a,\ b,\ c) = 0,\ f_z(a,\ b,\ c) = 0 \tag{1}$$

である.

例題 関数 $f(x, y, z) = x^2 + 2y^2 - z^2 + 3xy + 2zx + x - y$ が極値をとり得る点を求めよ.

解　(1) より, 極値をとり得る点で

$$\begin{cases} f_x = 2x + 3y + 2z + 1 = 0 & ① \\ f_y = 4y + 3x - 1 = 0 & ② \\ f_z = -2z + 2x = 0 & ③ \end{cases}$$

③ より　$z = x$

これを ①, ② に代入して整理すると　$x = -1,\ y = 1$

したがって, 極値をとり得る点は　$(-1,\ 1,\ -1)$　　　//

102 空間内の3点 A$(2, 0, 0)$, B$(0, 3, 0)$, C$(0, 0, 2)$ からの距離の平方の和が最小となる点の座標を求めよ. ただし, 最小値をもつとしてよい.

求める点を P(x, y, z) とし, 3点からの距離の平方の和を $f(x, y, z)$ とおけ.

2変数関数の場合と同様に, 条件 $\varphi(x, y, z) = 0$ のもとで, 関数 $w = f(x, y, z)$ が極値をとるための必要条件は

$$\frac{f_x}{\varphi_x} = \frac{f_y}{\varphi_y} = \frac{f_z}{\varphi_z} \tag{2}$$

である. また, (2) の比の値を λ とおけば

$$f_x = \lambda\varphi_x,\ f_y = \lambda\varphi_y,\ f_z = \lambda\varphi_z \tag{3}$$

が成り立つ.

例題 体積が一定の直方体のうちで表面積が最小なものを求めよ. ただし, 最小値をもつとしてよい.

解　直方体の3辺を $x, y, z\ (x > 0, y > 0, z > 0)$ とおく.

$xyz = V$（定数）のもとで, $\dfrac{S}{2} = xy + yz + zx$ を最小にすればよい.

(3) より, 極値をとる点で次が成り立つ.

$$\begin{cases} y + z = \lambda yz & ① \\ z + x = \lambda zx & ② \\ x + y = \lambda xy & ③ \end{cases}$$

①－② より　$y - x = \lambda z(y - x)$

これから　$y = x$ または $\lambda z = 1$

$y = x$ のとき

　③に代入して　$2x = \lambda x^2$　　∴　$\lambda x = 2$

　これを②に代入すると　$z + x = 2z$　　∴　$z = x$

したがって $x = y = z$

また，$\lambda z = 1$ のとき，①に代入すると $z = 0$ となり，$z > 0$ に反する.

以上より，$x = y = z$ のとき，すなわち立方体のとき最小値をとる. //

103 $x + 2y + 2z = 9$ のとき，関数 $u = x^2 + y^2 + z^2$ が極値をとり得る点を求めよ.

104 半径 a の球に内接し，体積が最大となる直方体を求めよ. ただし，最大値をもつとしてよい.

直方体の体積を 3 変数関数で表し，球に内接することから条件式を導け.

3——補章関連

105 次の極限値を調べ，極限値が存在する場合は極限値を求めよ.   → 教 p.144 問·1

(1) $\displaystyle\lim_{(x,y)\to(0,0)} \frac{3y^3}{x^2+y^2}$ 　　　　(2) $\displaystyle\lim_{(x,y)\to(0,0)} \frac{x\sqrt{xy}}{\sqrt{x^2+y^2}}$

(3) $\displaystyle\lim_{(x,y)\to(0,0)} \frac{2x^3-3y^3+x^2+y^2}{x^2+y^2}$ 　　(4) $\displaystyle\lim_{(x,y)\to(0,0)} \frac{x-y}{x+y}$

106 次の関数は点 $(0, 0)$ において連続であるかどうかを調べよ.   → 教 p.145 問·2

(1) $f(x,y) = \begin{cases} \dfrac{x^3-y^3}{x^2+y^2} & ((x, y) \neq (0, 0) \text{ のとき}) \\ 0 & ((x, y) = (0, 0) \text{ のとき}) \end{cases}$

(2) $f(x,y) = \begin{cases} \dfrac{xy+\sqrt{x^2+y^2}}{\sqrt{x^2+y^2}} & ((x, y) \neq (0, 0) \text{ のとき}) \\ 1 & ((x, y) = (0, 0) \text{ のとき}) \end{cases}$

(3) $f(x,y) = \begin{cases} \dfrac{x\sin(x^2+y^2)}{x^2+y^2} & ((x, y) \neq (0, 0) \text{ のとき}) \\ 0 & ((x, y) = (0, 0) \text{ のとき}) \end{cases}$

(4) $f(x,y) = \begin{cases} \dfrac{x^2y^2}{x^4+y^4} & ((x, y) \neq (0, 0) \text{ のとき}) \\ 0 & ((x, y) = (0, 0) \text{ のとき}) \end{cases}$

107 $x = r\cos\theta, \ y = r\sin\theta$ のとき，次を証明せよ.   → 教 p.147 問·3

(1) $\dfrac{\partial x}{\partial r} = \dfrac{\partial r}{\partial x}$ 　　　　(2) $\dfrac{\partial x}{\partial \theta} = r^2\dfrac{\partial \theta}{\partial x}$

(3) $\dfrac{\partial y}{\partial r} = \dfrac{\partial r}{\partial y}$ 　　　　(4) $\dfrac{\partial y}{\partial \theta} = r^2\dfrac{\partial \theta}{\partial y}$

108 $n = 2$ として，次の関数にマクローリンの定理を適用せよ.   → 教 p.148

(1) $\cos(x+y)$ 　　　　(2) $\sqrt{x^2+y+1}$

(3) $\log(x+y+1)$ 　　　(4) e^{xy}

4──いろいろな問題

109 次の関数を偏微分せよ.

(1) $z = x^y$

(2) $z = \log_x y$

(3) $z = \sec xy$

(4) $z = \sin^{-1} \dfrac{x}{y}$ $(y > 0)$

110 $z = x^y y^x$ のとき，次の等式を証明せよ.

$$xz_x + yz_y = z(x + y) + z \log z$$

111 $A = 60°$ である △ABC において，$AB = x$，$AC = y$，$BC = z$ とする. x, y が Δx, Δy だけ変化したときの z の変化量 Δz はどのような式で近似されるか.

112 次の関数について，第 2 次偏導関数を求めよ.

(1) $z = \sin^{-1}(x + 2y)$

(2) $z = \tan^{-1} \dfrac{y}{x}$

113 $z = f(x, y)$, $x = t^2 - 1$, $y = 2t$ のとき，$\dfrac{dz}{dt}$, $\dfrac{d^2z}{dt^2}$ を z_x, z_y などを用いて表せ.

114 1 変数関数 f について，$z = f(x + 2t) + f(x - 2t)$ とおくとき，$z_{tt} = 4z_{xx}$ が成り立つことを証明せよ.

1 変数関数の合成関数の微分法を用いよ.

115 次の関数の極値を求めよ.

(1) $z = e^{x^2 - y} - x + y$

(2) $z = (ax^2 + by^2) e^{-x^2 - y^2}$ $(a > b > 0)$ （電通大）

116 $x^2 + y^2 = 1$ のもとで，$f(x, y) = x^2 + 4\sqrt{2}xy + 3y^2$ の最大値，最小値，およびそれらを与える x, y を求めよ. （東工大）

117 $3y^2 - x^2 = 2$ $(y > 0)$ のとき，関数 $x^2 + 3xy + 3y^2$ の最小値を求めよ. ただし，最小値をもつとしてよい.

118 x 軸，y 軸に平行な辺をもち，楕円 $\dfrac{x^2}{4} + \dfrac{y^2}{2} = 1$ に内接する長方形を x 軸のまわりに回転して直円柱をつくる. このような直円柱のうちで，表面積が最大になるものを求めよ.

119 原点から曲線 $2x^2 - 4xy - y^2 = -5$ $(y > 0)$ までの最短距離を求めよ.

120 関数 $f(x, y) = xy \sin \sqrt{x^2 + y^2}$ がある. 次の問いに答えよ.

(1) $(x, y) \neq (0, 0)$ であるとき $\dfrac{\partial f}{\partial x}$, $\dfrac{\partial f}{\partial y}$ を求めよ.

(2) 定義に従って $f_x(0, 0)$, $f_y(0, 0)$ を求めよ.

(3) $\dfrac{\partial f}{\partial x}$, $\dfrac{\partial f}{\partial y}$ は点 $(0,\,0)$ で連続かどうかを調べよ. （神戸大）

$x = r\cos\theta,\; y = r\sin\theta$ とおいて考えよ.

121 次の関数 $f(x,\,y)$ について, $f_{xy}(0,\,0) \neq f_{yx}(0,\,0)$ であることを証明せよ.

$$f(x,\,y) = \begin{cases} \dfrac{xy(x^2-y^2)}{x^2+y^2} & ((x,\,y) \neq (0,\,0) \text{ のとき}) \\ 0 & ((x,\,y) = (0,\,0) \text{ のとき}) \end{cases}$$

122 放物線 $y^2 = 4px$ 上に中心をもち, 放物線の頂点を通る円群の包絡線を求めよ.

123 関数 $f(x,\,y) = 2x^4 - 3x^2y + y^2$ について, 次の問いに答えよ.

(1) $f_x(0,\,0)$, $f_y(0,\,0)$ および $f_{xx}(0,\,0)f_{yy}(0,\,0) - \{f_{xy}(0,\,0)\}^2$ を求めよ.

(2) $y = mx$ (m は 0 でない定数) のとき, $f(x,\,y)$ は点 $(0,\,0)$ で極小になることを証明せよ.

(3) $y = \dfrac{3}{2}x^2$ のとき, $f(x,\,y)$ は点 $(0,\,0)$ で極大になることを証明せよ.

(2), (3) は $f(x,\,y)$ に条件式を代入して考えよ.

124 $u = 3x^2y - y^3$ とするとき

$$\dfrac{\partial u}{\partial x} = \dfrac{\partial v}{\partial y},\; \dfrac{\partial u}{\partial y} = -\dfrac{\partial v}{\partial x},\; v(1,\,1) = 1$$

を満たす $v(x,\,y)$ を求めよ. （長岡技科大）

$\dfrac{\partial u}{\partial x} = \dfrac{\partial v}{\partial y}$ から $v(x,\,y)$ の y を含む項が決定できる.

125 三角形において, 2 辺を a, b, そのはさむ角を C とし, 面積を S とする.

a, b, C の微小変化 Δa, Δb, ΔC に対する S の微小変化を ΔS とするとき

$$\dfrac{\Delta S}{S} \fallingdotseq \dfrac{\Delta a}{a} + \dfrac{\Delta b}{b} + \cot C \Delta C$$

となることを証明せよ.

$\Delta z \fallingdotseq f_x \Delta x + f_y \Delta y$ と同様の近似が 3 変数関数についても成り立つ.

126 $z = f(x,\,y)$, $x = \dfrac{u}{u^2+v^2}$, $y = \dfrac{v}{u^2+v^2}$ のとき, 次の等式を証明せよ.

$$(x^2+y^2)(z_{xx}+z_{yy}) = (u^2+v^2)(z_{uu}+z_{vv})$$

3 章　重積分

1　2 重積分

● 2 重積分の定義

○ $$\iint_D f(x,\ y)\,dxdy = \lim_{\substack{\Delta x_i \to 0 \\ \Delta y_j \to 0}} \sum_{i=1}^{m} \sum_{j=1}^{n} f(\xi_{ij},\ \eta_{ij}) \Delta x_i\, \Delta y_j$$

○ $f(x,\ y) \geqq 0$ のとき，右図の立体の体積は

$$\iint_D f(x,\ y)\,dxdy$$

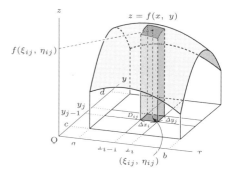

● 2 重積分の性質

○ $$\iint_D (af + bg)\,dxdy = a \iint_D f\,dxdy + b \iint_D g\,dxdy$$
$$(a,\ b \text{ は定数})$$

○ D を 2 つの領域 $D_1,\ D_2$ に分けるとき

$$\iint_D f\,dxdy = \iint_{D_1} f\,dxdy + \iint_{D_2} f\,dxdy$$

○ D で $f(x,\ y) \geqq 0 \implies \iint_D f(x,\ y)\,dxdy \geqq 0$

○ D で $m \leqq f(x,\ y) \leqq M \implies mS \leqq \iint_D f(x,\ y)\,dxdy \leqq MS$
$$(S \text{ は領域 } D \text{ の面積})$$

○ $$\left| \iint_D f(x,\ y)\,dxdy \right| \leqq \iint_D |f(x,\ y)|\,dxdy$$

● 2 重積分の計算（累次積分）

○ $D = \{(x,\ y) \mid a \leqq x \leqq b,\ \varphi_1(x) \leqq y \leqq \varphi_2(x)\}$ のとき

$$\iint_D f(x,\ y)\,dxdy = \int_a^b \left\{ \int_{\varphi_1(x)}^{\varphi_2(x)} f(x,\ y)\,dy \right\} dx$$

○ $D = \{(x,\ y) \mid c \leqq y \leqq d,\ \psi_1(y) \leqq x \leqq \psi_2(y)\}$ のとき

$$\iint_D f(x,\ y)\,dxdy = \int_c^d \left\{ \int_{\psi_1(y)}^{\psi_2(y)} f(x,\ y)\,dx \right\} dy$$

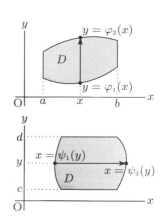

Basic

127 $0 \leqq x \leqq 2,\ 0 \leqq y \leqq 1,\ z \geqq 0$ で表される四角柱が
平面 $\dfrac{x}{4} + \dfrac{y}{3} + z = 1$ によって切り取られてできる
図の立体の体積 V を 2 重積分を用いて表せ.

→ 教 p.67 問·1

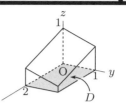

128 $D = \{(x,\ y) \mid 2 \leqq x \leqq 3,\ 0 \leqq y \leqq 1\}$ のとき,

2 重積分 $\displaystyle\iint_D (x^2 y - y^3)\,dxdy$ を次の形の累次積分によって計算せよ.

→ 教 p.71 問·2

$$\iint_D f(x,\ y)\,dxdy = \int_c^d \left\{ \int_a^b f(x,\ y)\,dx \right\} dy$$

129 D を ( ) 内の不等式の表す領域とするとき, 次の 2 重積分の値を求めよ.

→ 教 p.71 問·3

(1) $\displaystyle\iint_D (xy^2 + y)\,dxdy$ 　　　　$(0 \leqq x \leqq 1,\ 1 \leqq y \leqq 3)$

(2) $\displaystyle\iint_D e^{2x+y}\,dxdy$ 　　　　$(0 \leqq x \leqq 1,\ 1 \leqq y \leqq 2)$

(3) $\displaystyle\iint_D \sin(x - y)\,dxdy$ 　　　　$\left(0 \leqq x \leqq \dfrac{\pi}{2},\ 0 \leqq y \leqq \dfrac{\pi}{2} \right)$

130 D を ( ) 内の不等式の表す領域とするとき, 次の 2 重積分の値を求めよ.

→ 教 p.73 問·4

(1) $\displaystyle\iint_D xy\,dxdy$ 　　　　$(0 \leqq x \leqq 1,\ 0 \leqq y \leqq \sqrt{x})$

(2) $\displaystyle\iint_D (x - y)\,dxdy$ 　　　　$(0 \leqq y \leqq 1,\ y \leqq x \leqq 2y)$

(3) $\displaystyle\iint_D \dfrac{x}{y^2}\,dxdy$ 　　　　$(1 \leqq x \leqq 3,\ 1 \leqq y \leqq x^2)$

131 D を ( ) 内の不等式の表す領域とするとき, 次の 2 重積分の値を求めよ.

→ 教 p.75 問·5

(1) $\displaystyle\iint_D (x - y)\,dxdy$ 　　　　$(x \geqq 0,\ y \geqq 0,\ 2x + y \leqq 2)$

(2) $\displaystyle\iint_D x^2 y\,dxdy$ 　　　　$(x \geqq 0,\ y \geqq 0,\ x^2 + y^2 \leqq 1)$

132 次の累次積分の積分順序を変更せよ.

→ 教 p.75 問·6

(1) $\displaystyle\int_0^2 \left\{ \int_0^{\frac{y}{2}} f(x,\ y)\,dx \right\} dy$ 　　　　(2) $\displaystyle\int_0^1 \left\{ \int_1^{3-2x} f(x,\ y)\,dy \right\} dx$

133 累次積分 $\displaystyle\int_0^1 \left\{ \int_x^1 \sqrt{y^2 + 1}\,dy \right\} dx$ の積分順序を変更し, その値を求めよ.

→ 教 p.75 問·7

134 曲面 $z = 1 - y^2\ (y \geqq 0)$ と平面 $x + y = 1$ および 3 つの座標平面で囲まれる
立体の体積を求めよ.

→ 教 p.76 問·8

135 xy 平面上の円 $x^2 + y^2 = 4$ を底面とし, 母線が z 軸に平行な直円柱の $z \geqq 0$
の部分を V とする. 曲面 $z = \sqrt{4 - x^2}$ と xy 平面でできる半円柱を W とする
と, W は母線が y 軸に平行な直円柱の $z \geqq 0$ の部分になる. V と W が交わっ
てできる立体の体積を求めよ.

→ 教 p.77 問·9

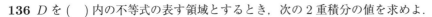

Check

136 D を（　）内の不等式の表す領域とするとき，次の 2 重積分の値を求めよ.

(1) $\displaystyle\iint_D (3x + 2y)\,dxdy$ $\quad(0 \leqq x \leqq 2,\ -1 \leqq y \leqq 0)$

(2) $\displaystyle\iint_D \sqrt{xy^3}\,dxdy$ $\quad(0 \leqq x \leqq 2,\ 1 \leqq y \leqq 2)$

(3) $\displaystyle\iint_D \frac{2y}{\sqrt{1-x^2}}\,dxdy$ $\quad\left(0 \leqq x \leqq \dfrac{1}{\sqrt{2}},\ 0 \leqq y \leqq 1\right)$

(4) $\displaystyle\iint_D xy^2\,dxdy$ $\quad(0 \leqq y \leqq 1,\ 0 \leqq x \leqq \sqrt{2-y^2}\,)$

(5) $\displaystyle\iint_D \frac{3y}{x^2}\,dxdy$ $\quad(1 \leqq x \leqq 2,\ x^2 \leqq y \leqq 2x^2\,)$

(6) $\displaystyle\iint_D (2xy^2 + 4x^3)\,dxdy$ $\quad(0 \leqq y \leqq 1,\ y \leqq x \leqq \sqrt{y}\,)$

137 不等式 $x \geqq 0,\ y \geqq 0,\ x + y \leqq 4$ の表す領域を D とするとき，2 重積分 $\displaystyle\iint_D x\,dxdy$ の値を求めよ.

138 次の累次積分の積分順序を変更せよ.

(1) $\displaystyle\int_0^1 \left\{\int_0^{2x} f(x,\ y)\,dy\right\}dx$ $\qquad$ (2) $\displaystyle\int_0^8 \left\{\int_{\sqrt[3]{y}}^2 f(x,\ y)\,dx\right\}dy$

139 次の累次積分の積分順序を変更し，その値を求めよ.

$$\int_0^{\sqrt{3}} \left\{\int_1^{\sqrt{4-y^2}} \frac{4y}{\sqrt{x^2+y^2}}\,dx\right\}dy$$

140 次の立体の体積を求めよ.

(1) 曲面 $z = 2x^2y^2$ と 3 平面 $x = 1,\ y = 2,\ z = 0$ で囲まれる立体

(2) 曲面 $z = 2x^2 + y$ と 2 平面 $x = 2,\ y = 1$ および 3 つの座標平面で囲まれる立体

141 2 平面 $z = x + 1,\ 2x + y = 4$ および 3 つの座標平面で囲まれる立体の体積を求めよ.

Step up

例題 次の累次積分の積分順序を変更せよ.

$$\int_0^1 \left\{ \int_{1-x}^{1+x} f(x, y)\,dy \right\} dx$$

解　与式の積分領域

$$D: 0 \leqq x \leqq 1,\ 1-x \leqq y \leqq 1+x$$

は右図のようになり, 直線 $y=1$ で下側の領域 D_1

と上側の領域 D_2 に分けると, 次のようになる.

$$D = D_1 \cup D_2$$
$$D_1: 0 \leqq y \leqq 1,\ 1-y \leqq x \leqq 1$$
$$D_2: 1 \leqq y \leqq 2,\ y-1 \leqq x \leqq 1$$

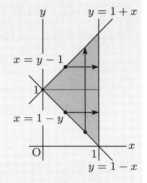

よって, 積分順序を変更すると

$$与式 = \int_0^1 \left\{ \int_{1-y}^1 f(x, y)\,dx \right\} dy + \int_1^2 \left\{ \int_{y-1}^1 f(x, y)\,dx \right\} dy \qquad /\!/$$

142 次の累次積分の積分順序を変更せよ.

(1) $\displaystyle\int_0^1 \left\{ \int_{-1+y}^{1-y} f(x, y)\,dx \right\} dy$ 　　　　 (2) $\displaystyle\int_0^{\sqrt{2}} \left\{ \int_y^{\sqrt{4-y^2}} f(x, y)\,dx \right\} dy$

143 D を (　) 内の不等式の表す領域とするとき, 次の 2 重積分の値を求めよ.

$$\iint_D (x+y)\,dxdy \qquad \left(x-y \leqq 3,\ y \geqq -2x,\ y \leqq \frac{1}{4}x \right)$$

144 曲面 $z = \sqrt{1-y^2}$ と xy 平面で囲まれる立体を V とする. また, xy 平面上の
4 点 $(1, 0), (0, 1), (-1, 0), (0, -1)$ を頂点とする正方形を底面とする正四
角柱を W とする. このとき, V と W が交わってできる立体の体積を求めよ.

積分領域を x 軸で 2 つに
分けよ.

例題 xy 平面上の領域 D の面積を S とするとき, 次の等式が成り立つことを証明
せよ.

$$S = \iint_D dxdy$$

解　$f(x, y) = 1$（定数関数）とすると, 2 重積分の定義より

$$\iint_D dxdy = \lim_{\substack{\Delta x_i \to 0 \\ \Delta y_j \to 0}} \sum_{i=1}^m \sum_{j=1}^n \Delta x_i \Delta y_j$$

$\Delta x_i \Delta y_j$ は D を分割した各長方形の面積であり, 右辺はそれらの和の極限だか
ら D の面積 S である. 　　　　　　　　　　　　　　　　　　　　　　　 $/\!/$

145 次の値を求めよ.

(1) $\displaystyle\int_0^{\frac{3}{2}}\left\{\int_{-\sqrt{3-y^2}}^{-\frac{1}{\sqrt{3}}y} dx\right\} dy$ (2) $\displaystyle\int_0^{\frac{3}{\sqrt{2}}}\left\{\int_y^{\sqrt{9-y^2}} dx\right\} dy$ 積分領域を図示せよ.

例題 a を正の定数とし，サイクロイド

$$x = a(t - \sin t),\ y = a(1 - \cos t) \qquad (0 \le t \le 2\pi)$$

と x 軸で囲まれた領域を D とするとき，次の2重積分の値を求めよ.

$$I = \iint_D y\,dxdy$$

解 サイクロイドが $y = f(x)$ で表されるとすると

$$I = \iint_D y\,dxdy$$

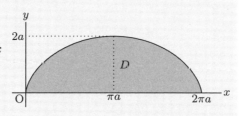

$$= \int_0^{2\pi a}\left\{\int_0^{f(x)} y\,dy\right\} dx$$

$$= \int_0^{2\pi a} \frac{1}{2}\{f(x)\}^2\,dx$$

ここで $x = a(t - \sin t)$ とおくと

$$dx = a(1 - \cos t)\,dt$$

$$f(x) = y = a(1 - \cos t)$$

x	0	→	$2\pi a$
t	0	→	2π

したがって

$$I = \int_0^{2\pi} \frac{1}{2}a^2(1 - \cos t)^2 a(1 - \cos t)\,dt$$

$$= \frac{a^3}{2}\int_0^{2\pi}(1 - \cos t)^3\,dt$$

半角の公式より $1 - \cos t = 2\sin^2\dfrac{t}{2}$ であり $\dfrac{t}{2} = s$ とおくと

$$I = 4a^3\int_0^{2\pi}\sin^6\frac{t}{2}\,dt = 8a^3\int_0^{\pi}\sin^6 s\,ds$$

t	0	→	2π
s	0	→	π

$$= 16a^3\int_0^{\frac{\pi}{2}}\sin^6 s\,ds = \frac{5\pi a^3}{2} \qquad /\!/$$

146 曲線 $x = a\cos^3 t,\ y = a\sin^3 t\ \left(0 \le t \le \dfrac{\pi}{2}\right)$ と x 軸，y 軸で囲まれた領域を D とするとき，次の2重積分の値を求めよ. ただし，a は正の定数とする.

$$I = \iint_D xy\,dxdy$$

2　変数の変換と重積分

まとめ

●**極座標による 2 重積分**　$x = r\cos\theta,\ y = r\sin\theta$ とすると

$$\iint_D f(x,\ y)\,dxdy = \iint_D f(r\cos\theta,\ r\sin\theta)\,r\,drd\theta$$

●**2 重積分の変数変換**　$x = \varphi(u,\ v),\ y = \psi(u,\ v)$ のとき

$$\iint_D f(x,\ y)\,dxdy = \iint_D f(\varphi(u,\ v),\ \psi(u,\ v))\left|\frac{\partial(x,\ y)}{\partial(u,\ v)}\right|dudv$$

$$\text{ここで}\quad \frac{\partial(x,\ y)}{\partial(u,\ v)} = J(u,\ v) = \begin{vmatrix} \varphi_u & \varphi_v \\ \psi_u & \psi_v \end{vmatrix}\quad \text{はヤコビアン}$$

●**広義積分**

　○ $\varepsilon \to +0$ のとき，領域 D_ε が領域 D に限りなく近づくならば

$$\iint_D f(x,\ y)\,dxdy = \lim_{\varepsilon \to +0} \iint_{D_\varepsilon} f(x,\ y)\,dxdy$$

　○ $a \to \infty$ のとき，領域 D_a が領域 D に限りなく近づくならば

$$\iint_D f(x,\ y)\,dxdy = \lim_{a \to \infty} \iint_{D_a} f(x,\ y)\,dxdy$$

　○ $\displaystyle\int_0^\infty e^{-x^2}\,dx = \frac{\sqrt{\pi}}{2}$

●**曲面積**　曲面 $z = f(x,\ y)$ の領域 D に対応する部分の面積は

$$\iint_D \sqrt{\left(\frac{\partial z}{\partial x}\right)^2 + \left(\frac{\partial z}{\partial y}\right)^2 + 1}\,dxdy$$

●**平均と重心**

　○ 領域 D における $f(x,\ y)$ の平均は

$$\frac{\displaystyle\iint_D f(x,\ y)\,dxdy}{\displaystyle\iint_D dxdy}$$

　○ 図形 D の重心 $\mathrm{G}(\overline{x},\ \overline{y})$ の各座標は

$$\overline{x} = \frac{\displaystyle\iint_D x\,dxdy}{\displaystyle\iint_D dxdy},\qquad \overline{y} = \frac{\displaystyle\iint_D y\,dxdy}{\displaystyle\iint_D dxdy}$$

Basic

147 次の 2 重積分の値を極座標変換によって求めよ. 教p.81 問·1

(1) $\displaystyle\iint_D (x+y)\,dxdy \qquad (y \geqq 0,\ x^2+y^2 \leqq 4)$

(2) $\displaystyle\iint_D (x^2+y^2)\,dxdy \qquad (1 \leqq x^2+y^2 \leqq 2)$

148 曲面 $z = 4a^2 - x^2 - y^2$ と xy 平面とで囲まれた立体の体積を求めよ. ただし, 教p.82 問·2
a は正の定数とする.

149 不等式 $x \geqq 0, y \geqq 0, \dfrac{x^2}{a^2} + \dfrac{y^2}{b^2} \leqq 1$ の表す 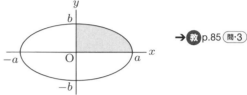 教p.85 問·3

領域を D とするとき, 2 重積分 $\displaystyle\iint_D y\,dxdy$ の

値を求めよ. ただし, a, b は正の定数とする.

150 D を不等式 $|x+y| \leqq 1,\ |x-2y| \leqq 2$ の表す領域とするとき, $x+y = u,$ 教p.86 問·4
$x-2y = v$ とおくことによって, 2 重積分 $\displaystyle\iint_D (x+y)^4(x-2y)^2\,dxdy$ の値を
求めよ.

151 D を (　) 内の不等式の表す領域とするとき, 次の 2 重積分の値を求めよ. 教p.88 問·5

(1) $\displaystyle\iint_D \dfrac{x}{\sqrt{x^2+y^2}}\,dxdy \qquad (x \geqq 0,\ y \geqq 0,\ x^2+y^2 \leqq 4)$

(2) $\displaystyle\iint_D \dfrac{1}{\sqrt{x^2+y^2}}\,dxdy \qquad (x \geqq 0,\ x^2+y^2 \leqq 4)$

152 次の問いに答えよ. 教p.89 問·6

(1) 不等式 $1 \leqq x \leqq a, 2 \leqq y \leqq a$ の表す領域を D_a とするとき, 2 重積分
$\displaystyle\iint_{D_a} \dfrac{1}{x^3 y^3}\,dxdy$ を求めよ.

(2) 不等式 $x \geqq 1, y \geqq 2$ の表す領域を D とするとき, 2 重積分 $\displaystyle\iint_D \dfrac{1}{x^3 y^3}\,dxdy$
を求めよ.

153 次の問いに答えよ. 教p.89 問·7

(1) 不等式 $x \geqq 0,\ x^2+y^2 \leqq a^2$ の表す領域を D_a とするとき, 2 重積分
$\displaystyle\iint_{D_a} \dfrac{1}{(x^2+y^2+1)^3}\,dxdy$ （a は正の定数）を求めよ.

(2) 不等式 $x \geqq 0$ の表す領域を D とするとき, 2 重積分 $\displaystyle\iint_D \dfrac{1}{(x^2+y^2+1)^3}\,dxdy$
を求めよ.

154 $x = 2t$ とおくことで, 広義積分 $\displaystyle\int_{-\infty}^{\infty} e^{-\frac{x^2}{4}}\,dx$ の値を求めよ. 教p.90 問·8

155 D を不等式 $0 \leqq y \leqq 1$, $0 \leqq x \leqq y$ の表す xy 平面上の領域とする. このと　→ 教 p.93 問·9
き, 曲面 $z = 4 - y^2$ の D に対応する部分の面積を求めよ.

156 D を不等式 $x^2 + y^2 \leqq 1$ の表す xy 平面上の領域とする. このとき, 曲面　→ 教 p.93 問·10
$z = \sqrt{4 - x^2 - y^2}$ の D に対応する部分の面積を求めよ.

157 D を不等式 $0 \leqq x \leqq 1$, $0 \leqq y \leqq 2$ の表す xy 平面上の領域とする. このとき,　→ 教 p.94 問·11
関数 $f(x, y) = x + y$ の D における平均を求めよ.

158 次の図形の重心の座標を求めよ.　→ 教 p.95 問·12
    (1) 直線 $y = -2x + 2$ と x 軸, y 軸で囲まれる図形
    (2) 曲線 $y = 4 - 4x^2$ と x 軸で囲まれる図形

159 $D = \{(x, y) \mid x^2 + y^2 \leqq a^2, \ 0 \leqq y \leqq x\}$ のとき, この図形の重心の座標を求　→ 教 p.95 問·13
めよ. ただし, a は正の定数とする.

Check

160 D を（　）内の不等式の表す領域とするとき，次の2重積分の値を極座標変換によって求めよ．

(1) $\displaystyle\iint_D x^2 y\, dxdy$ $\qquad (x^2 + y^2 \leqq 1,\ y \geqq 0)$

(2) $\displaystyle\iint_D \frac{1}{(x^2 + y^2)^3}\, dxdy$ $\qquad (1 \leqq x^2 + y^2 \leqq 9)$

(3) $\displaystyle\iint_D \sin\sqrt{x^2 + y^2}\, dxdy$ $\qquad (x^2 + y^2 \leqq \pi^2)$

161 直円柱 $x^2 + y^2 \leqq 4$ のうち，平面 $z = 0$ と曲面 $z = 4 - x^2$ の間にある部分の体積を求めよ．

162 不等式 $\dfrac{x^2}{9} + \dfrac{y^2}{4} \leqq 1,\ y \geqq 0$ の表す領域を D とするとき，2重積分 $\displaystyle\iint_D y\, dxdy$ の値を求めよ．

163 D を（　）内の不等式の表す領域とするとき，次の2重積分の値を変数変換によって求めよ．

(1) $\displaystyle\iint_D (x + y)^2\, dxdy$ $\qquad (0 \leqq x + y \leqq 2,\ 0 \leqq x - y \leqq 3)$

(2) $\displaystyle\iint_D (x - 4y)\, dxdy$ $\qquad (0 \leqq x - y \leqq 1,\ 1 \leqq x + 2y \leqq 3)$

164 不等式 $x \geqq 0,\ y \geqq 0$ の表す領域を D とするとき，次の2重積分の値を求めよ．
$$\iint_D \frac{1}{(2 + x^2 + y^2)^3}\, dxdy$$

165 次の値を求めよ．

(1) $\displaystyle\int_{-\infty}^{\infty} e^{-6x^2}\, dx$ $\qquad$ (2) $\displaystyle\int_{-\infty}^{\infty} e^{-(x-1)^2}\, dx$ $\qquad$ (3) $\displaystyle\int_{-\infty}^{\infty} e^{-x^2 - 4x}\, dx$

166 不等式 $0 \leqq x \leqq 9,\ 0 \leqq y \leqq 3$ の表す領域を D とするとき，曲面 $z = \sqrt{9 - y^2}$ の D に対応する部分の面積を求めよ．

167 不等式 $x^2 + y^2 \leqq 4$ の表す領域を D とするとき，曲面 $z = xy$ の D に対応する部分の面積を求めよ．

168 不等式 $-1 \leqq x \leqq 1,\ 0 \leqq y \leqq 2 - x^2$ で表される図形 D の重心の座標を求めよ．

Step up

例題 不等式 $\dfrac{x^2}{a^2}+\dfrac{y^2}{b^2}\leqq 1$ で表される xy 平面上の領域を D とするとき，領域 D と曲面 $z=a^2-x^2$ の間にある部分の体積を求めよ．ただし，a,b は正の定数とする．

解 求める体積を V を 2 重積分で表すと
$$V=\iint_D (a^2-x^2)\,dxdy$$
変数変換 $x=au\cos v,\ y=bu\sin v$ を行うとき
$$\frac{\partial(x,y)}{\partial(u,v)}=\begin{vmatrix} a\cos v & -au\sin v \\ b\sin v & bu\cos v \end{vmatrix}=abu$$
また，D は不等式 $0\leqq u\leqq 1,\ 0\leqq v\leqq 2\pi$ で表されるから
$$V=\iint_D (a^2-a^2u^2\cos^2 v)\cdot abu\,dudv$$
$$=a^3 b\int_0^{2\pi}\left\{\int_0^1 (u-u^3\cos^2 v)\,du\right\}dv$$
$$=a^3 b\int_0^{2\pi}\left[\frac{1}{2}u^2-\frac{1}{4}u^4\cos^2 v\right]_0^1 dv$$
$$=\frac{1}{4}a^3 b\int_0^{2\pi}(2-\cos^2 v)\,dv=\frac{1}{8}a^3 b\int_0^{2\pi}(3-\cos 2v)\,dv$$
$$=\frac{1}{8}a^3 b\left[3v-\frac{1}{2}\sin 2v\right]_0^{2\pi}=\frac{3}{4}\pi a^3 b \qquad //$$

169 不等式 $x^2+\dfrac{y^2}{4}\leqq 1$ で表される xy 平面上の領域を D とするとき，領域 D と曲面 $z=4-y^2$ の間にある部分の体積を求めよ．

170 不等式 $x\geqq 0,\ y\geqq 0,\ \dfrac{x^2}{9}+\dfrac{y^2}{4}\leqq 1$ で表される図形 D の重心の座標を求めよ．

例題 広義積分 $\displaystyle\int_0^\infty x^2 e^{-x^2}\,dx$ の値を求めよ．

解 部分積分法を用いると
$$\int_0^\infty x^2 e^{-x^2}\,dx=\int_0^\infty x\cdot xe^{-x^2}\,dx$$
$$=\left[x\cdot\left(-\frac{1}{2}e^{-x^2}\right)\right]_0^\infty+\frac{1}{2}\int_0^\infty e^{-x^2}\,dx$$
$$=0+\frac{1}{2}\cdot\frac{\sqrt{\pi}}{2}=\frac{\sqrt{\pi}}{4} \qquad //$$

●**注**…… ロピタルの定理より　$\displaystyle\lim_{x\to\infty}xe^{-x^2}=\lim_{x\to\infty}\frac{x}{e^{x^2}}=\lim_{x\to\infty}\frac{1}{2xe^{x^2}}=0$

171 次の広義積分の値を求めよ.

(1) $\displaystyle\int_{-\infty}^{\infty} (x-1)^2 e^{-x^2}\,dx$

(2) $\displaystyle\int_0^{\infty} x^2 e^{-\frac{x^2}{2}}\,dx$

(3) $\displaystyle\int_0^{\infty} \sqrt{x}\,e^{-x}\,dx$

(4) $\displaystyle\int_0^1 \sqrt{\log\frac{1}{x}}\,dx$

例題 D を (　) 内の不等式の表す領域とするとき, 次の2重積分の値を求めよ.

$$\iint_D (y-x)^2\sqrt{x+y}\,dxdy \qquad (x\geqq 0,\ y\geqq 0,\ x+y\leqq 1)$$

解　$x+y=u, y-x=v$ とおくと　$x=\dfrac{u-v}{2},\ y=\dfrac{u+v}{2}$

これから, ヤコビアンは

$$J=\begin{vmatrix}\dfrac{1}{2} & -\dfrac{1}{2}\\[2mm] \dfrac{1}{2} & \dfrac{1}{2}\end{vmatrix}=\dfrac{1}{2}$$

また, 積分領域 D を u, v で表すと

$$u-v\geqq 0,\ u+v\geqq 0,\ u\leqq 1$$

$$\therefore\ v\leqq u,\ v\geqq -u,\ u\leqq 1$$

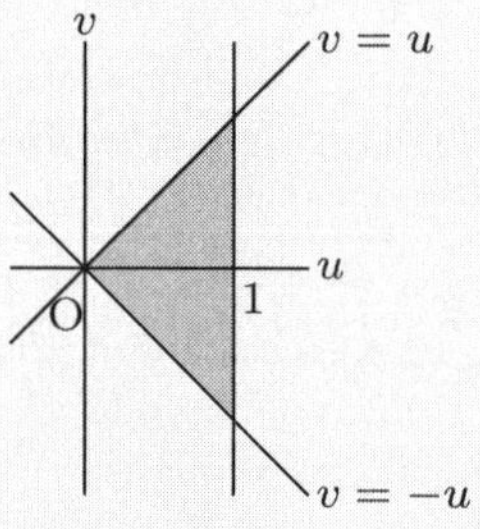

uv 平面上で領域は図のようになり, 不等式

$$0\leqq u\leqq 1,\ -u\leqq v\leqq u$$

で表される.
したがって

$$与式=\iint_D v^2\sqrt{u}\,|J|\,dudv$$

$$=\frac{1}{2}\int_0^1 \sqrt{u}\left\{\int_{-u}^u v^2\,dv\right\}du=\frac{2}{27} \qquad //$$

172 2重積分 $\displaystyle\iint_D e^{-(x+y)^2}\,dxdy$ の値を計算せよ.

ただし, $D=\{(x,\ y)\mid x\geqq 0,\ y\geqq 0,\ x+y\leqq 1\}$ とする.　　　　（徳島大）

173 D を不等式 $x\leqq 1,\ y\geqq -x^3+1,\ y\leqq x^3+2$ の表す領域とするとき, 2重積分 $\displaystyle\iint_D x^2(y-x^3)\sqrt{y+x^3}\,dxdy$ の値を求めよ.

Plus

1——座標軸の回転

平面上において，原点 O および O で直交する 2 つの座標軸 x 軸，y 軸を 1 組として**直交座標系** O-xy という.

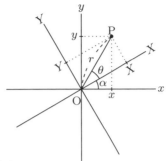

x 軸，y 軸を原点 O のまわりに角 α だけ回転して得られる直交座標系を O-XY とし，点 P の直交座標系 O-xy, O-XY に関する座標をそれぞれ (x, y), (X, Y) とする. $\mathrm{OP} = r$ とし，OP が X 軸の正の向きとなす角を θ とすると，OP が x 軸の正の向きとなす角は $\theta + \alpha$ だから

$$x = r\cos(\theta + \alpha) = r\cos\theta\cos\alpha - r\sin\theta\sin\alpha$$

$$y = r\sin(\theta + \alpha) = r\sin\theta\cos\alpha + r\cos\theta\sin\alpha$$

$X = r\cos\theta$, $Y = r\sin\theta$ だから，次の変数変換の公式が得られる.

$$\begin{cases} x = X\cos\alpha - Y\sin\alpha \\ y = X\sin\alpha + Y\cos\alpha \end{cases} \tag{1}$$

また，(1) の変換を行列で表すと

$$\begin{pmatrix} x \\ y \end{pmatrix} = \begin{pmatrix} \cos\alpha & -\sin\alpha \\ \sin\alpha & \cos\alpha \end{pmatrix} \begin{pmatrix} X \\ Y \end{pmatrix}$$

したがって

$$\begin{pmatrix} X \\ Y \end{pmatrix} = \begin{pmatrix} \cos\alpha & -\sin\alpha \\ \sin\alpha & \cos\alpha \end{pmatrix}^{-1} \begin{pmatrix} x \\ y \end{pmatrix} = \begin{pmatrix} \cos\alpha & \sin\alpha \\ -\sin\alpha & \cos\alpha \end{pmatrix} \begin{pmatrix} x \\ y \end{pmatrix}$$

すなわち，次の公式が得られる.

$$\begin{cases} X = x\cos\alpha + y\sin\alpha \\ Y = -x\sin\alpha + y\cos\alpha \end{cases}$$

例題 直交座標系 O-xy を原点 O のまわりに $\dfrac{\pi}{4}$ 回転して得られる座標系を O-XY とするとき，次の問いに答えよ.

(1) O-xy に関する座標が $(1, 1)$ である点 P の座標 (X, Y) を求めよ.

(2) 方程式 $x^2 + xy + y^2 = 3$ の表す曲線の方程式を X, Y で表せ.

解 (1) 点 P の O-XY に関する座標を (X, Y) とすると

$$X = 1 \cdot \cos\frac{\pi}{4} + 1 \cdot \sin\frac{\pi}{4} = \sqrt{2}$$

$$Y = -1 \cdot \sin\frac{\pi}{4} + 1 \cdot \cos\frac{\pi}{4} = 0$$

よって，求める座標は　$(\sqrt{2},\ 0)$

(2) x, y を X, Y で表すと

$$x = X\cos\frac{\pi}{4} - Y\sin\frac{\pi}{4} = \frac{1}{\sqrt{2}}(X - Y)$$

$$y = X\sin\frac{\pi}{4} + Y\cos\frac{\pi}{4} = \frac{1}{\sqrt{2}}(X + Y)$$

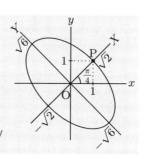

これを $x^2 + xy + y^2 = 3$ に代入して整理すると

$$3X^2 + Y^2 = 6 \quad \text{すなわち} \quad \frac{X^2}{2} + \frac{Y^2}{6} = 1 \quad /\!/$$

174 座標軸を原点のまわりに (　) 内に示された角だけ回転するとき，次の曲線の方程式を X, Y で表せ．

(1) $5x^2 - 2\sqrt{3}xy + 3y^2 = 24$ $\left(\dfrac{\pi}{3}\right)$ (2) $7x^2 + 50xy + 7y^2 = 288$ $\left(\dfrac{\pi}{4}\right)$

座標軸の回転におけるヤコビアンは

$$J(X, Y) = \frac{\partial(x, y)}{\partial(X, Y)} = \begin{vmatrix} \cos\alpha & -\sin\alpha \\ \sin\alpha & \cos\alpha \end{vmatrix} = \cos^2\alpha + \sin^2\alpha = 1$$

よって，41 ページ (1) の右辺を $\varphi(X, Y)$, $\psi(X, Y)$ とおくと次が成り立つ．

$$\iint_D f(x, y)\,dxdy = \iint_D f(\varphi(X, Y), \psi(X, Y))\,dXdY$$

例題 4 直線 $y = x$, $y = x - 2$, $y = -x$, $y = -x + 1$ で囲まれた長方形を D とするとき，2 重積分 $\displaystyle\iint_D y\,dxdy$ の値を求めよ．

解 D は図の長方形であり，不等式

$$0 \leqq x + y \leqq 1, \; 0 \leqq x - y \leqq 2 \qquad ①$$

で表される．座標軸を $-\dfrac{\pi}{4}$ 回転すると

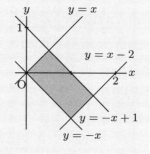

$$x = X\cos\left(-\frac{\pi}{4}\right) - Y\sin\left(-\frac{\pi}{4}\right)$$
$$= \frac{1}{\sqrt{2}}(X + Y)$$
$$y = X\sin\left(-\frac{\pi}{4}\right) + Y\cos\left(-\frac{\pi}{4}\right)$$
$$= \frac{1}{\sqrt{2}}(-X + Y)$$

①に代入すると，D は不等式

$$0 \leqq Y \leqq \frac{1}{\sqrt{2}}, \; 0 \leqq X \leqq \sqrt{2}$$

で表される．したがって

$$\iint_D y\,dxdy = \iint_D \frac{1}{\sqrt{2}}(-X + Y)\,dXdY$$
$$= \frac{1}{\sqrt{2}} \int_0^{\frac{1}{\sqrt{2}}} \left\{ \int_0^{\sqrt{2}} (-X + Y)\,dX \right\} dY = -\frac{1}{4} \qquad /\!/$$

175 $D = \{(x, y) \mid x^2 + xy + y^2 \leqq 3,\ y \leqq x\}$ のとき，座標軸を $\dfrac{\pi}{4}$ 回転することによって，2 重積分 $\displaystyle\iint_D (x - y)\,dxdy$ の値を求めよ.

2——**3 重積分**

3 変数関数 $w = f(x, y, z)$ の 3 重積分

$$\iiint_V f(x, y, z)\,dxdydz \qquad (V \text{ は空間内の領域})$$

も 2 重積分と同様に定義することができる.

3 重積分は，V の表し方により，次のような累次積分によって計算される.

(ⅰ) 平面上の領域 D の各点 (x, y) について，z の範囲が $g_1(x, y) \leqq z \leqq g_2(x, y)$

で表されるとき

$$\iiint_V f(x, y, z)\,dxdydz = \iint_D \left\{ \int_{g_1(x, y)}^{g_2(x, y)} f(x, y, z)\,dz \right\} dxdy$$

(ⅱ) $a \leqq z \leqq b$ である各 z について，(x, y) の領域が D_z で表されるとき

$$\iiint_V f(x, y, z)\,dxdydz = \int_a^b \left\{ \iint_{D_z} f(x, y, z)\,dxdy \right\} dz$$

例題 V を ( ) 内の不等式の表す領域とするとき，次の 3 重積分の値を求めよ.

$$\iiint_V z\,dxdydz \qquad (x + y + z \leqq 1,\ x \geqq 0,\ y \geqq 0,\ z \geqq 0)$$

解 V は図の四面体であり，領域

$$D : x + y \leqq 1,\ x \geqq 0,\ y \geqq 0$$

の各点 (x, y) について，z の範囲は

$$0 \leqq z \leqq 1 - x - y$$

と表されるから

$$\text{与式} = \iint_D \left\{ \int_0^{1-x-y} z\,dz \right\} dxdy$$
$$= \int_0^1 \left\{ \int_0^{1-x} \frac{1}{2}(1 - x - y)^2\,dy \right\} dx$$
$$= \frac{1}{6} \int_0^1 (1 - x)^3\,dx = \frac{1}{24} \qquad //$$

別解 $0 \leqq z \leqq 1$ である各 z について，(x, y) の領域は

$$D_z : x \geqq 0,\ y \geqq 0,\ x + y \leqq 1 - z$$

と表される. また，直角三角形 D_z の面積は $\dfrac{1}{2}(1 - z)^2$ だから

$$\text{与式} = \int_0^1 z \left\{ \iint_{D_z} dxdy \right\} dz = \frac{1}{2} \int_0^1 z(1 - z)^2\,dz = \frac{1}{24} \qquad //$$

176 V を（　）内の不等式の表す領域とするとき，次の3重積分の値を求めよ．

(1) $\displaystyle\iiint_V x^2 y^2 z \, dxdydz$ 　　　　　$(0 \leqq x \leqq 1,\ 0 \leqq y \leqq x,\ 0 \leqq z \leqq xy)$

(2) $\displaystyle\iiint_V z^2 \, dxdydz$ 　　　　　　$(x^2 + y^2 + z^2 \leqq 1)$

3―3重積分の変数変換

3変数の変数変換についても，ヤコビアンが次のように定義される．

$$
\begin{cases} x = x(u,\ v,\ w) \\ y = y(u,\ v,\ w) \\ z = z(u,\ v,\ w) \end{cases} \text{のとき} \qquad J = \begin{vmatrix} x_u & x_v & x_w \\ y_u & y_v & y_w \\ z_u & z_v & z_w \end{vmatrix}
$$

また，3重積分の変数変換について，次の公式が成り立つ．

$$
\iiint_V f(x,\ y,\ z) \, dxdydz
$$
$$
= \iiint_V f\big(x(u,\ v,\ w),\ y(u,\ v,\ w),\ z(u,\ v,\ w)\big) \, |J| \, dudvdw
$$

例題 次の変数変換のヤコビアンを求めよ．

$$
\begin{cases} x = r \sin\theta \cos\varphi \\ y = r \sin\theta \sin\varphi \\ z = r \cos\theta \end{cases} \qquad (0 \leqq \theta \leqq \pi,\ 0 \leqq \varphi \leqq 2\pi,\ r \geqq 0)
$$

解 $\displaystyle J = \begin{vmatrix} x_r & x_\theta & x_\varphi \\ y_r & y_\theta & y_\varphi \\ z_r & z_\theta & z_\varphi \end{vmatrix}$

$$
= \begin{vmatrix} \sin\theta\cos\varphi & r\cos\theta\cos\varphi & -r\sin\theta\sin\varphi \\ \sin\theta\sin\varphi & r\cos\theta\sin\varphi & r\sin\theta\cos\varphi \\ \cos\theta & -r\sin\theta & 0 \end{vmatrix}
$$

$$
= r^2\sin\theta \begin{vmatrix} \sin\theta\cos\varphi & \cos\theta\cos\varphi & -\sin\varphi \\ \sin\theta\sin\varphi & \cos\theta\sin\varphi & \cos\varphi \\ \cos\theta & -\sin\theta & 0 \end{vmatrix}
$$

$$
= r^2\sin\theta\big\{\sin^2\theta\sin^2\varphi + \cos^2\theta\cos^2\varphi + \cos^2\theta\sin^2\varphi + \sin^2\theta\cos^2\varphi\big\}
$$

$$
= r^2\sin\theta\big\{\sin^2\theta(\sin^2\varphi + \cos^2\varphi) + \cos^2\theta(\cos^2\varphi + \sin^2\varphi)\big\}
$$

$$
= r^2\sin\theta\big(\sin^2\theta + \cos^2\theta\big) = r^2\sin\theta \qquad\qquad /\!/
$$

●注‥‥例題の変数変換は，空間の直交座標と**極座標（球面座標）**の間の変換である．

177 $x^2 + y^2 + z^2 \leqq 1$ で定義される領域を V とするとき，次の 3 重積分の値を求めよ．

$$\iiint_V (x^2 + y^2 + z^2)\,dxdydz \qquad \text{（電通大）}$$

178 $V = \{(x,\ y,\ z) \mid x^2 + y^2 + z^2 \leqq R^2,\ x \geqq 0,\ y \geqq 0,\ z \geqq 0\}$ とするとき，次の 3 重積分の値を求めよ．

$$\iiint_V xy\,dxdydz \qquad \text{（九州大）}$$

179 直交座標と**円柱座標**の間の変数変換は次の式で与えられる．

$$x = r\cos\theta,\ y = r\sin\theta,\ z = z$$

このとき，以下の問いに答えよ．

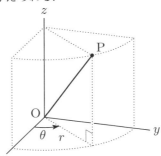

(1) ヤコビアンを求めよ．

(2) V が $x^2 + y^2 \leqq 1,\ 0 \leqq z \leqq 1$ で表される直円柱のとき，次の 3 重積分の値を求めよ．

$$\iiint_V (x^2 + y^2 + 2z^2)\,dxdydz$$

4——ガンマ関数とベータ関数

p を正の実数とするとき，次の広義積分で定義される関数 $\Gamma(p)$ を**ガンマ関数**という．

$$\Gamma(p) = \int_0^\infty e^{-x} x^{p-1}\,dx \qquad (1)$$

$\Gamma(p)$ の値が存在することは次のように証明される．

まず，ロピタルの定理を繰り返し用いると

$$\lim_{x \to \infty} \frac{x^{p+1}}{e^x} = 0$$

したがって，十分大きな定数 $c\ (c > 1)$ をとると，$x \geqq c$ のとき

$$\frac{x^{p+1}}{e^x} < 1 \quad \text{すなわち} \quad e^{-x} x^{p-1} < x^{-2}$$

となるから

$$\int_c^\infty e^{-x} x^{p-1}\,dx \leqq \int_c^\infty x^{-2}\,dx \leqq \int_1^\infty x^{-2}\,dx = 1 \qquad (2)$$

また，$e^{-x} < 1\ (x > 0)$ より

$$\int_0^c e^{-x} x^{p-1}\,dx \leqq \int_0^c x^{p-1}\,dx = \left[\frac{1}{p}x^p\right]_0^c = \frac{c^p}{p} \qquad (3)$$

(2), (3) より，広義積分 (1) は存在する．

例題　ガンマ関数について，次の性質を証明せよ.

(1) $\Gamma(p+1) = p\,\Gamma(p)$

(2) n が正の整数のとき　$\Gamma(n) = (n-1)!$

(3) $\Gamma\left(\dfrac{1}{2}\right) = \sqrt{\pi}$

解　(1) 部分積分法を用いると

$$\Gamma(p+1) = \int_0^\infty e^{-x}x^p\,dx = \Big[-e^{-x}x^p\Big]_0^\infty - \int_0^\infty (-e^{-x})\,px^{p-1}\,dx$$

$$= p\int_0^\infty e^{-x}x^{p-1}\,dx = p\,\Gamma(p)$$

$\lim\limits_{x\to\infty} e^{-x}x^p = 0$ に注意せよ.

(2) $\Gamma(1) = \displaystyle\int_0^\infty e^{-x}\,dx = 1$ を用いると

$$\Gamma(n) = (n-1)\Gamma(n-1) = (n-1)(n-2)\Gamma(n-2)$$

$$= \cdots = (n-1)!\,\Gamma(1) = (n-1)!$$

(3) $\Gamma\left(\dfrac{1}{2}\right) = \displaystyle\int_0^\infty e^{-x}x^{-\frac{1}{2}}\,dx$ だから，$x^{\frac{1}{2}} = t$ とおくと

$$\frac{1}{2}x^{-\frac{1}{2}}\,dx = dt,\ x = t^2$$

$$\therefore\ \Gamma\left(\frac{1}{2}\right) = 2\int_0^\infty e^{-t^2}\,dt = \sqrt{\pi} \qquad //$$

180 次の値を求めよ. ただし，n は自然数とする.

(1) $\Gamma(6)$ 　　　　　(2) $\Gamma\left(\dfrac{5}{2}\right)$ 　　　　　(3) $\Gamma\left(n+\dfrac{1}{2}\right)$

$p,\ q$ を正の実数とするとき，広義積分

$$B(p,\ q) = \int_0^1 x^{p-1}(1-x)^{q-1}\,dx$$

によって定義される関数 $B(p,\ q)$ を**ベータ関数**という.

ベータ関数とガンマ関数の間の関係式を導こう.

正の実数 $p,\ q$ について，ガンマ関数 $\Gamma(p)$ と $\Gamma(q)$ の積は

$$\Gamma(p)\Gamma(q) = \int_0^\infty e^{-x}x^{p-1}\,dx \cdot \int_0^\infty e^{-y}y^{q-1}\,dy$$

$$= \int_0^\infty \left\{ \int_0^\infty e^{-x-y}x^{p-1}y^{q-1}\,dx \right\} dy$$

変数変換 $u = x+y,\ uv = x$ を用いると

$$x = uv,\ y = u - uv$$

これから，ヤコビアンは

$$J = \begin{vmatrix} v & u \\ 1-v & -u \end{vmatrix} = -u$$

$u = x+y \geqq 0,\ y = u(1-v) \geqq 0$ より，$v \leqq 1$ となるから

$$\int_0^\infty \left\{ \int_0^\infty e^{-x-y} x^{p-1} y^{q-1}\, dx \right\} dy$$

$$= \int_0^\infty \left\{ \int_0^1 e^{-u} u^{p+q-2} v^{p-1} (1-v)^{q-1} u\, dv \right\} du$$

$$= \int_0^\infty e^{-u} u^{p+q-1}\, du \cdot \int_0^1 v^{p-1}(1-v)^{q-1}\, dv$$

$$= \Gamma(p+q) B(p,\ q)$$

すなわち　$\Gamma(p)\Gamma(q) = \Gamma(p+q) B(p,\ q)$

以上より，次の関係式が成り立つ．

$$B(p,\ q) = \frac{\Gamma(p)\Gamma(q)}{\Gamma(p+q)} = B(q,\ p)$$

例題 ベータ関数を用いて，次の定積分の値を求めよ．

$$\int_0^{0.5} \sqrt{\frac{2}{1-\sqrt{2x}}}\, dx$$

解　$t = \sqrt{2x}$ とおくと

$$\int_0^{0.5} \sqrt{\frac{2}{1-\sqrt{2x}}}\, dx = \int_0^1 \sqrt{\frac{2}{1-t}} \cdot t\, dt = \sqrt{2} \int_0^1 t(1-t)^{-\frac{1}{2}}\, dt$$

$$= \sqrt{2} \int_0^1 t^{2-1}(1-t)^{\frac{1}{2}-1}\, dt$$

$$= \sqrt{2}\, B\left(2,\ \frac{1}{2}\right) = \sqrt{2}\, \frac{\Gamma(2)\Gamma\left(\frac{1}{2}\right)}{\Gamma\left(\frac{5}{2}\right)}$$

$$= \sqrt{2}\, \frac{1! \cdot \sqrt{\pi}}{\frac{3}{2} \cdot \frac{1}{2} \cdot \sqrt{\pi}} = \frac{4}{3}\sqrt{2} \qquad //$$

181 ベータ関数を用いて，次の広義積分を求めよ．

$$\int_0^\infty \frac{\sqrt{x}}{(1+x)^2}\, dx$$

$t = \dfrac{1}{1+x}$ とおいて，ベータ関数に帰着させよ．

5 ——補章関連

182 D を（　）内の不等式の表す領域とするとき，次の 2 重積分の値を求めよ．　→ 教 p.152 問·1

(1) $\displaystyle\iint_D (4 - x^2 - y^2)\, dxdy \qquad (x^2 + (y-1)^2 \leqq 1,\ y \leqq x)$

(2) $\displaystyle\iint_D \sqrt{x^2 + y^2}\, dxdy \qquad (x^2 + y^2 \leqq 4,\ x^2 + y^2 \geqq 2x,\ x \geqq 0)$

183 直円柱 $x^2 + y^2 = 4x$ のうち，平面 $z = 0$ と曲面 $z = xy^2$ の間にある部分の体積を求めよ．　→ 教 p.152 問·2

184 不等式 $x^2 + y^2 \leqq 4,\ x^2 + y^2 \geqq 2x$ で表される図形 D の重心の座標を求めよ．　→ 教 p.152 問·1

6──いろいろな問題

185 直線 $y = x$ と放物線 $y = -x^2 + 2x$ で囲まれた領域 D を図示し，D における 2 重積分 $\displaystyle\iint_D y\,dxdy$ の値を求めよ．　　　　　　　　　（京都工繊大）

186 不等式 $0 \leqq x \leqq 1$, $x^2 \leqq y \leqq 2 - x$ によって表される領域を D とするとき，2 重積分 $\displaystyle\iint_D \frac{1}{x+1}\,dxdy$ の値を求めよ．　　　　　　　　（東京農工大）

187 xy 平面の領域 $D : 0 \leqq y \leqq x^2 \leqq 1$ 上で，曲面 $z = x\,e^{-y}$ と平面 $z = 0$ で囲まれてできる立体の体積を求めよ．　　　　　　　　　　　　　　（愛媛大）

$x \leqq 0$ のとき，$z \leqq 0$ であることに注意せよ．

188 D が（　）内の領域のとき，次の 2 重積分の値を求めよ．

$$\iint_D \frac{x}{y\sqrt{1 + x^2 + y^2}}\,dxdy \qquad \left(0 \leqq x \leqq y,\ \frac{1}{2} \leqq x^2 + y^2 \leqq 1\right)$$

（金沢大）

189 4 つの放物線 $y = x^2$, $2y = x^2$, $x = y^2$, $2x = y^2$ で囲まれた領域 D について，次の問いに答えよ．

(1) D を図示せよ．

(2) 変数変換 $u = \dfrac{x^2}{y}$, $v = \dfrac{y^2}{x}$ を用いて，$\displaystyle\iint_D xy\,dxdy$ の値を求めよ．

190 不等式 $x \geqq 0$, $y \geqq 0$, $\dfrac{x^2}{4} + \dfrac{y^2}{9} \leqq 1$ で表される領域を D とするとき，2 重積分 $\displaystyle\iint_D xy\,dxdy$ の値を求めよ．　　　　　　　　　（茨城大）

191 不等式 $0 \leqq 3x \leqq 2y \leqq 6$ で表される領域を D とするとき，次の広義積分を求めよ．

$$\iint_D \frac{1}{\sqrt{x^2 + y^2}}\,dxdy$$

$\displaystyle\int \frac{1}{\sqrt{x^2+y^2}}\,dx = \log\left|x + \sqrt{x^2+y^2}\right|$ を利用するとよい．

4章　微分方程式

1　1階微分方程式

まとめ

●微分方程式

- t と t の関数 x およびその導関数 $\dfrac{dx}{dt},\ \dfrac{d^2x}{dt^2},\ \cdots,\ \dfrac{d^nx}{dt^n}$ を含む関係式
- 階数： 微分方程式に含まれる導関数の最高次数

●微分方程式の解

- 解： 微分方程式を満たす関数
- 解曲線： 微分方程式の解が表す曲線
- 一般解： 微分方程式の階数と同じ個数の任意定数を含む解

  （1階微分方程式の場合，1個の任意定数を含む解）
- 特殊解： 一般解における任意定数に特別な値を代入して得られる解
- 特異解： 一般解における任意定数にどんな値を代入しても得られない解

●変数分離形　　$\dfrac{dx}{dt} = f(t)g(x)$

$\dfrac{1}{g(x)}\dfrac{dx}{dt} = f(t)$ の両辺を t について積分すると

$$\int \frac{1}{g(x)}\,dx = \int f(t)\,dt$$

となるから，両辺の不定積分をそれぞれ求めて整理する．

●1階線形微分方程式　　$\dfrac{dx}{dt} + P(t)x = Q(t)$　　①

(1) まず，$Q(t) = 0$ とおいてできる斉次1階線形微分方程式 $\dfrac{dx}{dt} + P(t)x = 0$

　の一般解 $x = Cx_1$（C は任意定数）を求める．

(2) 次に，任意定数 C を t の関数 $u = C(t)$ で置き換えて，$x = ux_1$ が①を満た

　すように関数 u を定める．（定数変化法）

●同次形　　$\dfrac{dx}{dt} = f\left(\dfrac{x}{t}\right)$

$u = \dfrac{x}{t}$ とおくと，$x = tu,\ \dfrac{dx}{dt} = u + t\dfrac{du}{dt}$ だから，変数分離形微分方程式

$$t\frac{du}{dt} = f(u) - u$$

が得られる．これを解いて u を元に戻す．

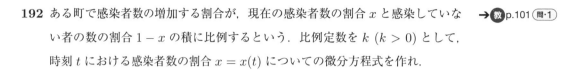

192 ある町で感染者数の増加する割合が，現在の感染者数の割合 x と感染していな → 教p.101 問·1
い者の数の割合 $1 - x$ の積に比例するという．比例定数を $k\ (k > 0)$ として，
時刻 t における感染者数の割合 $x = x(t)$ についての微分方程式を作れ．

193 c が 0 でない定数のとき，次の曲線が解曲線となるような微分方程式を作れ． → 教p.101 問·2

    (1) 曲線 $x = c\,t^4$ (2) 双曲線 $x = \dfrac{c}{t - 2}$

194 微分方程式 $\dfrac{dx}{dt} = -\dfrac{x}{t - 2}$ の一般解は $x = \dfrac{C}{t - 2}$ （C は任意定数）である． → 教p.102 問·3
このとき，初期条件「$t = 0$ のとき $x = 2$」を満たす特殊解を求めよ．

195 微分方程式 $\dfrac{dx}{dt} = -2x \tan t - \sin t$ について，次の問いに答えよ． → 教p.103 問·4

    (1) 関数 $x = C \cos^2 t - \cos t$ （C は任意定数）は一般解であることを証明せよ．

    (2) 初期条件「$t = 0$ のとき $x = 3$」を満たす特殊解を求めよ．

    (3) 初期条件「$t = \dfrac{2}{3}\pi$ のとき $x = \dfrac{1}{2}$」を満たす特殊解を求めよ．

196 次の微分方程式の一般解を求めよ． → 教p.105 問·5

    (1) $\dfrac{dx}{dt} = 6tx$ (2) $\dfrac{dx}{dt} = -\dfrac{3x}{t}$

    (3) $\dfrac{dx}{dt} = \dfrac{\cos t}{\sin x}$ (4) $\dfrac{dx}{dt} = \dfrac{3t^2 x}{t^3 - 1}$

197 次の微分方程式の（　）内の条件を満たす解を求めよ． → 教p.105 問·6

    (1) $\dfrac{dx}{dt} = -\dfrac{x}{t^2}$ ($t = 1$ のとき $x = 2$)

    (2) $\dfrac{dx}{dt} = \dfrac{x^3 + 1}{x^2}$ ($t = 0$ のとき $x = 2$)

198 次の微分方程式の一般解を求めよ． → 教p.108 問·7

    (1) $\dfrac{dx}{dt} - \dfrac{4x}{t} = 2t(t - 2)$ (2) $\dfrac{dx}{dt} + x = e^{-2t}$

199 次の微分方程式の（　）内の条件を満たす解を求めよ． → 教p.108 問·8

    (1) $\dfrac{dx}{dt} + \dfrac{2t}{t^2 + 2}x = 4t$ ($t = 0$ のとき $x = 2$)

    (2) $\dfrac{dx}{dt} + x \tan t = \dfrac{1}{\cos t}$ ($t = 0$ のとき $x = 2$)

200 次の微分方程式の一般解を求めよ． → 教p.110 問·9

    (1) $\dfrac{dx}{dt} = \dfrac{x}{t} + \dfrac{3t}{x}$ (2) $\dfrac{dx}{dt} = \dfrac{x}{t} + \tan\dfrac{x}{t}$

201 次の微分方程式の（　）内の条件を満たす解を求めよ． → 教p.110 問·10

    (1) $\dfrac{dx}{dt} = \dfrac{3x}{t} + 2$ ($t = 1$ のとき $x = 2$)

    (2) $t\dfrac{dx}{dt} = x + 2te^{-\frac{x}{t}}$ ($t = 1$ のとき $x = 1$)

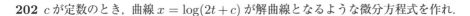

Check

202 c が定数のとき，曲線 $x = \log(2t + c)$ が解曲線となるような微分方程式を作れ．

203 微分方程式 $\dfrac{dx}{dt} + 2tx = 2t$ について，次の問いに答えよ．

(1) 関数 $x = 1 + Ce^{-t^2}$（C は任意定数）は一般解であることを証明せよ．

(2) 初期条件「$t = 0$ のとき $x = 3$」を満たす特殊解を求めよ．

(3) 初期条件「$t = 1$ のとき $x = 0$」を満たす特殊解を求めよ．

204 次の微分方程式の一般解を求めよ．

(1) $\dfrac{dx}{dt} = \dfrac{x + 2}{t + 2}$

(2) $\dfrac{dx}{dt} = \dfrac{x^2 - 1}{2tx}$

(3) $\dfrac{dx}{dt} = 2x^2 t$

(4) $\dfrac{dx}{dt} = x^2 + 1$

205 次の微分方程式の（　）内の条件を満たす解を求めよ．

(1) $\dfrac{dx}{dt} = 2x \cos t$ 　　　　　　（$t = 0$ のとき $x = 1$）

(2) $\dfrac{dx}{dt} = te^{-2x}$ 　　　　　　（$t = 0$ のとき $x = 0$）

206 次の微分方程式の一般解を求めよ．

(1) $\dfrac{dx}{dt} - \dfrac{x}{t} = t \cos t$

(2) $\dfrac{dx}{dt} + \dfrac{3x}{t} = 4 + 5t$

207 次の微分方程式の（　）内の条件を満たす解を求めよ．

(1) $\dfrac{dx}{dt} - \dfrac{2tx}{t^2 + 1} = 2t^3 + 2t$ 　　（$t = 0$ のとき $x = 1$）

(2) $\dfrac{dx}{dt} + 2tx = 4te^{t^2}$ 　　　　　　（$t = 0$ のとき $x = 1$）

208 次の微分方程式の一般解を求めよ．

(1) $\dfrac{dx}{dt} = \dfrac{2t - x}{t}$

(2) $\dfrac{dx}{dt} = \dfrac{x}{t} - \dfrac{\cos \frac{x}{t}}{\sin \frac{x}{t}}$

209 微分方程式 $\dfrac{dx}{dt} = \dfrac{tx + 2x^2}{t^2}$ について，次の問いに答えよ．

(1) 一般解を求めよ．

(2) 条件「$t = 1$ のとき $x = 1$」を満たす解を求めよ．

Step up

例題 ある微生物の時刻 t における個数を $x = x(t)$ とすると，次の等式が成り立つ
という．

$$\frac{dx}{dt} = kx(a - x) \quad (k,\ a \text{ は正の定数})$$

初期条件 $x(0) = x_0$ を満たすとき，$x(t)$ を求めよ．ただし，$x_0 > 0$ かつ $x_0 \neq a$
とする．

解 $\dfrac{dx}{dt} = kx(a - x)$ より，$x \neq 0,\ a$ のとき

$$\frac{1}{x(a - x)}\frac{dx}{dt} = k$$

$$\frac{1}{a}\left(\frac{1}{x} - \frac{1}{x - a}\right)\frac{dx}{dt} = k$$

両辺を t について積分して

$$\int\left(\frac{1}{x} - \frac{1}{x - a}\right)\frac{dx}{dt}\,dt = \int ka\,dt$$

$$\log|x| - \log|x - a| = kat + c \quad (c \text{ は任意定数})$$

$$\log\left|\frac{x}{x - a}\right| = kat + c$$

$$\frac{x}{x - a} = Ce^{kat} \quad (C = \pm e^c) \qquad\qquad ①$$

これを x について解くと

$$x(t) = \frac{aCe^{kat}}{Ce^{kat} - 1}$$

$$= \frac{aC}{C - e^{-kat}}$$

①に $x(0) = x_0$ を代入して

$$C = \frac{x_0}{x_0 - a}$$

よって，求める関数は

$$x(t) = \frac{a}{1 + \left(\dfrac{a}{x_0} - 1\right)e^{-kat}} \qquad\qquad //$$

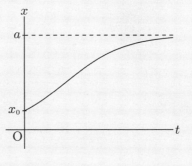

●**注** $\displaystyle\lim_{t \to \infty} e^{-kat} = 0$ より，$\displaystyle\lim_{t \to \infty} x(t) = a$ となる．

この曲線を**ロジスティック曲線**という．

210 ある物質の濃度 $x = x(t)$ は時刻 t とともに変化し，微分方程式

$$\frac{dx}{dt} = -100e^{-3t} + 4(20 - x), \quad x(0) = 10$$

を満たしている．このとき，次の問いに答えよ．

(1) $x(t)$ を求めよ．

(2) $\displaystyle\lim_{t \to \infty} x(t)$ を求めよ．

例題 微分方程式 $\dfrac{dx}{dt} = \dfrac{x^2 - tx}{t^2}$ の一般解を求めよ.

解 与式を変形すると

$$\frac{dx}{dt} = \left(\frac{x}{t}\right)^2 - \frac{x}{t} \qquad ①$$

となるから, この微分方程式は同次形である.

$u = \dfrac{x}{t}$ とおき, $\dfrac{dx}{dt} = u + t\dfrac{du}{dt}$ とともに①に代入すると

$$u + t\frac{du}{dt} = u^2 - u$$

$$t\frac{du}{dt} = u^2 - 2u = u(u-2) \qquad ②$$

$u \neq 0, 2$ のとき

$$\frac{1}{u(u-2)}\frac{du}{dt} = \frac{1}{t}$$

左辺の分数を部分分数に分解すると

$$\frac{1}{u(u-2)} = \frac{1}{2}\left(\frac{1}{u-2} - \frac{1}{u}\right)$$

したがって

$$\left(\frac{1}{u-2} - \frac{1}{u}\right)\frac{du}{dt} = 2 \cdot \frac{1}{t}$$

両辺を t について積分すると

$$\log|u-2| - \log|u| = 2\log|t| + c \quad (c \text{ は任意定数})$$

$$\frac{u-2}{t^2 u} = C \quad (C = \pm e^c)$$

$u = \dfrac{x}{t}$ より

$$\frac{x}{t} - 2 = Ct^2 \cdot \frac{x}{t}$$

$$x - 2t = Ct^2 x$$

したがって, 一般解は

$$x = \frac{2t}{1 - Ct^2} \quad (C \text{ は任意定数}) \qquad ③$$

また, $u = 0, 2$ のとき②を満たすから, $x = 0$ と $x = 2t$ も解である.

このうち, $x = 2t$ は③において $C = 0$ として求められる.

一方, $x = 0$ は③から求めることはできない.

よって, $x = 0$ は特異解である. //

211 次の微分方程式の一般解を求めよ.

(1) $\dfrac{dx}{dt} = \dfrac{x^2 + 2tx}{t^2}$ 　　　　(2) $\dfrac{dx}{dt} = \dfrac{2x^2 + 2tx - t^2}{t^2}$

２階微分方程式

まとめ

●線形独立

○ 2 つの関数 $u(t)$, $v(t)$ と定数 c_1, c_2 について

$$c_1 u(t) + c_2 v(t) \text{ が恒等的に } 0 \text{ である} \iff c_1 = c_2 = 0$$

が成り立つとき，$u(t)$ と $v(t)$ は線形独立であるという．

○ $W(u, v) = \begin{vmatrix} u & v \\ \dfrac{du}{dt} & \dfrac{dv}{dt} \end{vmatrix}$ （ロンスキアン）について

$$W(u, v) \text{ が恒等的には } 0 \text{ でない} \implies u(t), \ v(t) \text{ は線形独立}$$

●2 階斉次線形微分方程式 $\quad \dfrac{d^2x}{dt^2} + P(t)\dfrac{dx}{dt} + Q(t)x = 0$

u_1, u_2 が線形独立な解のとき，一般解は $C_1 u_1 + C_2 u_2$ である．

●2 階非斉次線形微分方程式 $\quad L(x) = \dfrac{d^2x}{dt^2} + P(t)\dfrac{dx}{dt} + Q(t)x = R(t)$

x_1 が 1 つの解，u が $L(x) = 0$ の一般解のとき，一般解は $x_1 + u$ である．

●定数係数斉次線形微分方程式 $\quad \dfrac{d^2x}{dt^2} + a\dfrac{dx}{dt} + bx = 0$ （a, b は定数）

特性方程式 $\lambda^2 + a\lambda + b = 0$ の解に対応して，一般解は次のようになる．

（ⅰ）異なる 2 つの実数解 α, β をもつとき $\quad x = C_1 e^{\alpha t} + C_2 e^{\beta t}$

（ⅱ）2 重解 α をもつとき $\quad x = (C_1 + C_2 t)e^{\alpha t}$

（ⅲ）異なる 2 つの虚数解 $p \pm qi$ をもつとき $\quad x = e^{pt}(C_1 \cos qt + C_2 \sin qt)$

●定数係数非斉次線形微分方程式 $\quad \dfrac{d^2x}{dt^2} + a\dfrac{dx}{dt} + bx = r(t)$ （a, b は定数）

1 つの解を見つけるために，次のように解を予想する．

○ $r(t)$ が n 次多項式のとき

$$x = A_n t^n + A_{n-1} t^{n-1} + \cdots + A_1 t + A_0 \ (A_n, A_{n-1}, \ldots, A_1, A_0 \text{ は定数})$$

○ $r(t) = Ce^{\alpha t}$ （C は定数）のとき

$$x = Ae^{\alpha t} \ (A \text{ は定数})$$

○ $r(t) = C_1 \cos \alpha t + C_2 \sin \alpha t$ （C_1, C_2 は定数）のとき

$$x = A \cos \alpha t + B \sin \alpha t \ (A, B \text{ は定数})$$

●いろいろな線形微分方程式

○ 連立微分方程式

一方の未知関数を消去して，x または y の 2 階微分方程式を作って解く．

○ $t^2 \dfrac{d^2x}{dt^2} + at\dfrac{dx}{dt} + bx = 0$ （a, b は定数）

$x = t^\alpha$ を解と予想して解く．

Basic

212 2 階微分方程式 $\dfrac{d^2x}{dt^2} = -3\dfrac{dx}{dt}$ について，次の問いに答えよ. → 教 p.114 問・1

(1) 関数 $x = C_1 e^{-3t} + C_2$ （C_1, C_2 は任意定数）は一般解であることを証明せよ.

(2) 初期条件「$t = 0$ のとき $x = 1$, $\dfrac{dx}{dt} = 3$」を満たす解を求めよ.

(3) 境界条件「$t = 0$ のとき $x = 1$, $t = 1$ のとき $x = e^{-3}$」を満たす解を求めよ.

213 微分方程式 $\dfrac{d^2x}{dt^2} + 9x = 0$ について，次を証明せよ. → 教 p.116 問・2

(1) 関数 $x = \sin 3t$ および $x = \cos 3t$ は解である.

(2) 任意の定数 C_1, C_2 について，関数 $x = C_1 \sin 3t + C_2 \cos 3t$ は解である.

214 次の各組の関数は線形独立であることを証明せよ. → 教 p.117 問・3

(1) $m \sin t$, $n \cos t$ $(m \neq 0,\ n \neq 0)$ (2) $\log t$, $(\log t)^2$

215 微分方程式 $\dfrac{d^2x}{dt^2} - 2\dfrac{dx}{dt} + x = 0$ について，次の問いに答えよ. → 教 p.117 問・4

(1) $x = e^t$ と $x = te^t$ は線形独立な解であることを証明せよ.

(2) 一般解を求めよ.

216 微分方程式 $\dfrac{d^2x}{dt^2} - 2\dfrac{dx}{dt} + x = t^2 - 3t + 1$ について，次の問いに答えよ. → 教 p.118 問・5

(1) 関数 $x = t^2 + t + 1$ は解であることを証明せよ.

(2) 問題 215 を用いて，一般解を求めよ.

217 次の微分方程式の一般解を求めよ. → 教 p.121 問・6

(1) $\dfrac{d^2x}{dt^2} - \dfrac{dx}{dt} - 6x = 0$ (2) $\dfrac{d^2x}{dt^2} + 5x = 0$

(3) $\dfrac{d^2x}{dt^2} + 8\dfrac{dx}{dt} + 16x = 0$ (4) $\dfrac{d^2x}{dt^2} + 5\dfrac{dx}{dt} = 0$

(5) $\dfrac{d^2x}{dt^2} - 6\dfrac{dx}{dt} + 10x = 0$ (6) $\dfrac{d^2x}{dt^2} - 6\dfrac{dx}{dt} + 2x = 0$

218 微分方程式 $\dfrac{d^2x}{dt^2} + 6\dfrac{dx}{dt} + 9x = 0$ について，次の条件を満たす解を求めよ. → 教 p.121 問・7

(1) 初期条件「$t = 0$ のとき $x = 2$, $\dfrac{dx}{dt} = 1$」

(2) 境界条件「$t = 0$ のとき $x = 0$, $t = 1$ のとき $x = 1$」

219 次の微分方程式の一般解を求めよ. → 教 p.123 問・8

(1) $\dfrac{d^2x}{dt^2} + \dfrac{dx}{dt} - 2x = 2t^2 - 3$ (2) $\dfrac{d^2x}{dt^2} - 2\dfrac{dx}{dt} + x = 3t - t^2$

(3) $\dfrac{d^2x}{dt^2} - 2\dfrac{dx}{dt} + 2x = -2t^2 + 2t$

220 次の微分方程式の一般解を求めよ.　→ 教 p.124 問·9

(1) $\dfrac{d^2x}{dt^2} - \dfrac{dx}{dt} - 6x = 2e^{-t}$　　(2) $\dfrac{d^2x}{dt^2} - 2\dfrac{dx}{dt} + x = 2e^{2t}$

(3) $\dfrac{d^2x}{dt^2} + 2\dfrac{dx}{dt} + 2x = 2e^{-2t}$

221 次の微分方程式の一般解を求めよ.　→ 教 p.125 問·10

(1) $\dfrac{d^2x}{dt^2} + \dfrac{dx}{dt} = \sin t + \cos t$　　(2) $\dfrac{d^2x}{dt^2} - 4\dfrac{dx}{dt} + 4x = 2\cos 2t$

(3) $\dfrac{d^2x}{dt^2} - 2\dfrac{dx}{dt} + 3x = 3\sin 3t$

222 次の連立微分方程式の一般解を求めよ.　→ 教 p.127 問·11

$$\begin{cases} \dfrac{dx}{dt} = -x + y - e^t \\ \dfrac{dy}{dt} = x - y + e^t \end{cases}$$

223 次の微分方程式の一般解を求めよ.　→ 教 p.127 問·12

(1) $t^2\dfrac{d^2x}{dt^2} - 2t\dfrac{dx}{dt} + 2x = 0$　　(2) $t^2\dfrac{d^2x}{dt^2} + 2t\dfrac{dx}{dt} - 6x = 0$

Check

224 数直線上を運動する点 P の加速度はそのときの座標に等しいという．時刻 t における点 P の座標 $x = x(t)$ についての微分方程式を作り，次の問いに答えよ．

(1) $x = C_1 e^t + C_2 e^{-t}$ $(C_1,\ C_2$ は任意定数) は一般解であることを証明せよ．

(2) 初期条件「$t = 0$ のとき $x = 1,\ \dfrac{dx}{dt} = 0$」を満たす解を求めよ．

(3) 境界条件「$t = 0$ のとき $x = 0$, $t = 1$ のとき $x = e - \dfrac{1}{e}$」を満たす解を求めよ．

225 次の各組の関数は線形独立であることを証明せよ．

(1) $\sin \alpha t,\ \cos \beta t\ (\alpha \neq 0,\ \beta \neq 0)$　　　(2) $t,\ t \log t$

226 微分方程式 $\dfrac{d^2 x}{dt^2} - \dfrac{dx}{dt} = 0$ について，次の条件を満たす解を求めよ．

(1) 初期条件「$t = 0$ のとき $x = 0,\ \dfrac{dx}{dt} = 1$」

(2) 境界条件「$t = 0$ のとき $x = 0$, $t = 1$ のとき $x = 1$」

227 次の微分方程式の一般解を求めよ．

(1) $\dfrac{d^2 x}{dt^2} - 2\dfrac{dx}{dt} + x = t^2 - t - 3$　　(2) $\dfrac{d^2 x}{dt^2} - 2\dfrac{dx}{dt} - 3x = 3t - 1$

(3) $\dfrac{d^2 x}{dt^2} + 2\dfrac{dx}{dt} + 6x = 12t + 4$　　(4) $\dfrac{d^2 x}{dt^2} - 4x = -5e^{3t}$

(5) $\dfrac{d^2 x}{dt^2} - 4\dfrac{dx}{dt} + 4x = 5e^{-3t}$　　(6) $\dfrac{d^2 x}{dt^2} + 4x = 10e^t$

(7) $\dfrac{d^2 x}{dt^2} - \dfrac{dx}{dt} - 2x = 20\cos 2t$　　(8) $\dfrac{d^2 x}{dt^2} - 2\dfrac{dx}{dt} + 5x = 2\sin 3t$

(9) $\dfrac{d^2 x}{dt^2} + 6\dfrac{dx}{dt} + 9x = 8\sin t + 6\cos t$

228 次の連立微分方程式の一般解を求めよ．

$$\begin{cases} \dfrac{dx}{dt} = x + 3y + 4t - 7 \\ \dfrac{dy}{dt} = x - y + 1 \end{cases}$$

229 次の微分方程式の一般解を求めよ．

(1) $t^2 \dfrac{d^2 x}{dt^2} - 4t\dfrac{dx}{dt} + 4x = 0$　　(2) $2t^2 \dfrac{d^2 x}{dt^2} + t\dfrac{dx}{dt} - 3x = 0$

Step up

オイラーの微分方程式という.

例題 $t^2\dfrac{d^2x}{dt^2}+at\dfrac{dx}{dt}+bx=r(t)$ について，次の問いに答えよ.

(1) 変数変換 $t=e^u$ によって，次の微分方程式を導け.

$$\frac{d^2x}{du^2}+(a-1)\frac{dx}{du}+bx=r(e^u)$$

(2) $t^2\dfrac{d^2x}{dt^2}-t\dfrac{dx}{dt}-3x=t$ の一般解を求めよ.

解 (1) $t=e^u,\ \dfrac{dt}{du}=e^u=t$ より

$$\frac{dx}{du}=\frac{dx}{dt}\frac{dt}{du}=t\frac{dx}{dt}\qquad\therefore\quad t\frac{dx}{dt}=\frac{dx}{du}$$

$$\frac{d^2x}{du^2}=\frac{d}{du}\Big(\frac{dx}{du}\Big)=\frac{d}{dt}\Big(t\frac{dx}{dt}\Big)\frac{dt}{du}$$

$$=t\frac{dx}{dt}+t^2\frac{d^2x}{dt^2}\qquad\therefore\quad t^2\frac{d^2x}{dt^2}=\frac{d^2x}{du^2}-\frac{dx}{du}$$

したがって

$$\frac{d^2x}{du^2}+(a-1)\frac{dx}{du}+bx=r(e^u)\qquad\qquad①$$

(2) $t=e^u$ とおくと，①より

$$\frac{d^2x}{du^2}-2\frac{dx}{du}-3x=e^u$$

定数係数非斉次 2 階線形微分方程式の解法により

$$x=-\frac{1}{4}e^u+C_1e^{3u}+C_2e^{-u}$$

よって，求める一般解は

$$x=-\frac{1}{4}t+C_1t^3+\frac{C_2}{t}\quad(C_1,\ C_2\ \text{は任意定数})\qquad//$$

230 微分方程式 $t^2\dfrac{d^2x}{dt^2}+3t\dfrac{dx}{dt}-3x=t^2$ の一般解を求めよ.

231 微分方程式 $t^2\dfrac{d^2x}{dt^2}+2t\dfrac{dx}{dt}-2x=t\log t$ の一般解を求めよ.

非斉次の場合の一般解を $x=(Au^2+Bu)e^u$ と予想せよ.

例題 2 階線形斉次微分方程式

$$\frac{d^2x}{dt^2}+p(t)\frac{dx}{dt}+q(t)x=0$$

の 1 つの解を $x_1(t)$ とする. このとき，次の問いに答えよ.

(1) $x_2(t)=x_1(t)\displaystyle\int e^{-\int p(t)\,dt}x_1(t)^{-2}\,dt$ によって，もう 1 つの解 $x_2(t)$ が得られることを証明せよ.

(2) $x_1(t),\ x_2(t)$ は線形独立であることを証明せよ.

解　(1)　定数変化法により，$x = ux_1$（u は t の関数）とおくと

$$\frac{dx}{dt} = \frac{du}{dt}x_1 + u\frac{dx_1}{dt}$$

$$\frac{d^2x}{dt^2} = \frac{d^2u}{dt^2}x_1 + 2\frac{du}{dt}\frac{dx_1}{dt} + u\frac{d^2x_1}{dt^2}$$

微分方程式に代入して

$$\frac{d^2u}{dt^2}x_1 + 2\frac{du}{dt}\frac{dx_1}{dt} + u\frac{d^2x_1}{dt^2} + p(t)\left(\frac{du}{dt}x_1 + u\frac{dx_1}{dt}\right) + q(t)ux_1 = 0$$

$\dfrac{d^2x_1}{dt^2} + p(t)\dfrac{dx_1}{dt} + q(t)x_1 = 0$ だから

$$\frac{d^2u}{dt^2}x_1 + 2\frac{du}{dt}\frac{dx_1}{dt} + p(t)\frac{du}{dt}x_1 = 0$$

$\dfrac{du}{dt} = v$ とおくと

$$\frac{dv}{dt}x_1 = -v\left(p(t)x_1 + 2\frac{dx_1}{dt}\right)$$

$$\frac{1}{v}\frac{dv}{dt} = -p(t) - \frac{2}{x_1}\frac{dx_1}{dt} = -p(t) - \frac{d}{dt}\left(2\log|x_1|\right)$$

これから

$$v = e^{-\int p(t)\,dt}\,x_1{}^{-2}$$

よって，解 $x_2(t)$ が得られる.

(2)　$x_2 = ux_1$ より

$$W(x_1,\ x_2) = x_1\frac{dx_2}{dt} - \frac{dx_1}{dt}x_2$$

$$= x_1\left(\frac{du}{dt}x_1 + u\frac{dx_1}{dt}\right) - \frac{dx_1}{dt}ux_1$$

$$= \frac{du}{dt}x_1{}^2 = e^{-\int p(t)\,dt} \neq 0$$

よって，$x_1(t)$, $x_2(t)$ は線形独立である.　　　　　//

232　$4t^2\dfrac{d^2x}{dt^2} + 4t^2\dfrac{dx}{dt} + (2t - 3)x = 0$ について，次の問いに答えよ.

(1)　$x = t^\alpha$ が解となるように定数 α の値を定めよ.

(2)　上の例題を用いて一般解を求めよ.

Plus

1—いろいろな 1 階微分方程式

適当な変数変換を用いて，1 階微分方程式の一般解を求めることがある．

例題 $\dfrac{dx}{dt} + p(t)x = q(t)x^n \ (n \not= 0, 1)$ について，次の問いに答えよ．

(1) $z = x^{1-n}$ とおく．z についての微分方程式を導け．

(2) 微分方程式 $\dfrac{dx}{dt} + tx = t^3 x^2$ の一般解を求めよ．

ベルヌーイの微分方程式という．

. . . .

解 (1) $z = x^{1-n}$ より $\dfrac{dz}{dt} = (1-n)x^{-n}\dfrac{dx}{dt}$

$\dfrac{dx}{dt} + p(t)x = q(t)x^n$ の両辺に $(1-n)x^{-n}$ を掛けると

$$\dfrac{dz}{dt} + (1-n)p(t)z = (1-n)q(t) \tag{①}$$

(2) $z = x^{-1}$ とおくと，① より

$$\dfrac{dz}{dt} - tz = -t^3 \tag{②}$$

② は z について 1 階線形であり，定数変化法により一般解を求めると

$$z = t^2 + 2 + Ce^{\frac{1}{2}t^2}$$

よって，求める一般解は

$$x = \left(t^2 + 2 + Ce^{\frac{1}{2}t^2}\right)^{-1} \quad (C \text{ は任意定数}) \qquad \text{//}$$

233 次の微分方程式の一般解を求めよ．

(1) $\dfrac{dx}{dt} - \dfrac{x}{t} = \dfrac{x^2}{t^3}$ 　　　　(2) $\dfrac{dx}{dt} + x = tx^3$

例題 $\dfrac{dx}{dt} = p(t) + q(t)x + r(t)x^2$ について，次の問いに答えよ．

(1) $\varphi(t)$ を 1 つの解とし，$x = v + \varphi(t)$ とおく．v についての微分方程式を導け．

(2) 微分方程式 $\dfrac{dx}{dt} = \dfrac{1}{t^2} + \dfrac{x}{t} + x^2$ について，$x = -\dfrac{1}{t}$ は 1 つの解であることを証明せよ．また，一般解を求めよ．

リッカチの微分方程式という．

. . . .

解 (1) $x = v + \varphi(t)$ と $\varphi(t)$ が 1 つの解であることより

$$\dfrac{dx}{dt} = \dfrac{dv}{dt} + \dfrac{d\varphi}{dt} = \dfrac{dv}{dt} + p(t) + q(t)\varphi(t) + r(t)\big(\varphi(t)\big)^2$$

方程式に代入して

$$\dfrac{dv}{dt} + q(t)\varphi(t) + r(t)\big(\varphi(t)\big)^2 = q(t)\big(v + \varphi(t)\big) + r(t)\big(v + \varphi(t)\big)^2$$

$$\therefore \quad \dfrac{dv}{dt} - \big(q(t) + 2r(t)\varphi(t)\big)v = r(t)v^2 \tag{③}$$

これはベルヌーイの微分方程式である．

(2)　$x = -\dfrac{1}{t}$ のとき　$\dfrac{dx}{dt} = \dfrac{1}{t^2}$

$$\therefore \quad 右辺 = \frac{1}{t^2} - \frac{1}{t^2} + \left(-\frac{1}{t}\right)^2 = \frac{1}{t^2} = 左辺$$

よって, $x = -\dfrac{1}{t}$ は 1 つの解である.

次に, $x = v - \dfrac{1}{t}$ とおくと, ③より

$$\frac{dv}{dt} - \left(\frac{1}{t} - 2\frac{1}{t}\right)v = v^2 \quad すなわち \quad \frac{dv}{dt} + \frac{1}{t}v = v^2$$

ベルヌーイの微分方程式の解法により, $z = v^{-1}$ とおくと, ①より

$$\frac{dz}{dt} - \frac{z}{t} = -1$$

1 階線形微分方程式の解法により　$z = t(-\log|t| + C)$

これから　$v = \dfrac{1}{t(-\log|t| + C)}$

よって, 求める一般解は

$$x = -\frac{1}{t} + \frac{1}{t(-\log|t| + C)} \quad (C は任意定数) \hspace{2cm} //$$

234 微分方程式 $\dfrac{dx}{dt} = p(t) + q(t)x + r(t)x^2$ は特殊解 $x_1(t)$ をもつことがわかっているとする. このとき, 次の問いに答えよ.

(1) 一般解を $x = x_1(t) + \dfrac{1}{u(t)}$ とおき, $u(t)$ に関する微分方程式を $p(t)$, $q(t)$, $r(t)$, $x_1(t)$ を用いて表せ.

(2) 微分方程式 $\dfrac{dx}{dt} = (t^2 + t + 1) - (2t + 1)x + x^2$ は特殊解 $x_1(t) = t$ をもつことがわかっている. 一般解を求めよ.　　　　　　　　　（東京大）

2──いろいろな **2 階微分方程式**

べき級数を用いて, 微分方程式の解を求めることがある.

例題　微分方程式 $(1 - t^2)\dfrac{d^2 x}{dt^2} - 2t\dfrac{dx}{dt} + 6x = 0$ の解で, 初期条件「$t = 0$ のとき $x = 1$, $\dfrac{dx}{dt} = 0$」を満たすものを求めよ.

ルジャンドルの微分方程式という.

解　この微分方程式の解を次のようにおく.

$$x = a_0 + a_1 t + a_2 t^2 + \cdots + a_n t^n + \cdots$$

方程式に代入して

$$(1 - t^2)\{2 \cdot 1 a_2 + 3 \cdot 2 a_3 t + 4 \cdot 3 a_4 t^2 + \cdots + n(n-1)a_n t^{n-2} + \cdots\}$$
$$- 2t(a_1 + 2a_2 t + 3a_3 t^2 + \cdots + na_n t^{n-1} + \cdots)$$
$$+ 6(a_0 + a_1 t + a_2 t^2 + \cdots + a_n t^n + \cdots) = 0$$

これから，次の条件を満たすように係数を決める．

定数項： $2 \cdot 1 a_2 + 6 a_0 = 0$

t の係数： $3 \cdot 2 a_3 - 2 a_1 + 6 a_1 = 0$

$\vdots$

t^n の係数： $(n+2)(n+1) a_{n+2} - n(n-1) a_n - 2 n a_n + 6 a_n = 0$

$$\therefore \quad a_{n+2} = \frac{(n+3)(n-2)}{(n+2)(n+1)} a_n \qquad ①$$

初期条件より，$a_0 = 1$, $a_1 = 0$ が得られるから，①より

$$a_2 = \frac{3 \cdot (-2)}{2 \cdot 1} \cdot 1 = -3, \ a_3 = 0, \ a_4 = 0, \ a_5 = a_6 = \cdots = 0$$

よって，求める解は $x = 1 - 3t^2$ //

235 微分方程式 $(1-t^2)\dfrac{d^2 x}{dt^2} - 2t \dfrac{dx}{dt} + 12 x = 0$ の解で，初期条件「$t = 0$ のとき $x = 0$, $\dfrac{dx}{dt} = 3$」を満たすものを求めよ．

3── 演算子法

微分するという演算を D で表し

$$\frac{dx}{dt} = Dx, \ \frac{d^2 x}{dt^2} = D^2 x$$

と書く．D を**微分演算子**という．このとき，定数 α, a, b について

$$\frac{dx}{dt} - \alpha x = (D - \alpha) x$$

$$\frac{d^2 x}{dt^2} + a \frac{dx}{dt} + bx = (D^2 + aD + b) x$$

と表すことができる．

関数 f について，$Dx = f$ を満たす関数 x は f の不定積分である．この関数を $\dfrac{1}{D} f$ で表すことにする．すなわち

$$x = \frac{1}{D} f = \int f \, dt \iff Dx = f$$

同様に，次のように定める．

$$x = \frac{1}{D - \alpha} f \iff (D - \alpha) x = f$$

$$x = \frac{1}{D^2 + aD + b} f \iff (D^2 + aD + b) x = f$$

例題 次の問いに答えよ．

(1) $\dfrac{1}{D - \alpha} f(t) = e^{\alpha t} \displaystyle\int e^{-\alpha t} f(t) \, dt$ が成り立つことを証明せよ．

(2) $\dfrac{1}{D - 1} e^{3t}$ を求めよ．

解 　(1)　$x = e^{\alpha t} \displaystyle\int e^{-\alpha t} f(t)\, dt$ とおくと

$$Dx = \alpha e^{\alpha t} \int e^{-\alpha t} f(t)\, dt + e^{\alpha t} e^{-\alpha t} f(t)$$

$$= \alpha x + f(t)$$

よって，$(D - \alpha)x = f$ より，等式が成り立つ.

(2)　(1) より，積分定数を C として

$$\frac{1}{D-1}e^{3t} = e^t \int e^{-t} e^{3t}\, dt = e^t \int e^{2t}\, dt = \frac{1}{2}e^{3t} + Ce^t \qquad //$$

236 次の式を求めよ.

(1)　$\dfrac{1}{D-2}t$ 　　　　(2)　$\dfrac{1}{D-1}te^{2t}$ 　　　　(3)　$\dfrac{1}{D+3}5\sin t$

定数 $\alpha,\ \beta$ について

$$(D-\alpha)(D-\beta)f = (D-\alpha)(Df - \beta f)$$
$$= D^2 f - \alpha Df - \beta Df + \alpha\beta f$$
$$= \big(D^2 - (\alpha+\beta)D + \alpha\beta\big)f$$

したがって

$$(D-\alpha)(D-\beta)f = (D-\beta)(D-\alpha)f$$
$$= \big(D^2 - (\alpha+\beta)D + \alpha\beta\big)f$$

が成り立つ.

例題 　次の問いに答えよ.

(1)　$\alpha \neq \beta$ のとき，次の等式が成り立つことを証明せよ.

$$\frac{1}{(D-\alpha)(D-\beta)}f = \frac{1}{\alpha-\beta}\left(\frac{1}{D-\alpha}f - \frac{1}{D-\beta}f\right)$$

(2)　微分方程式 $\dfrac{d^2x}{dt^2} - 4\dfrac{dx}{dt} + 3x = te^{3t}$ の 1 つの解を求めよ.

解 　(1)　$x = \dfrac{1}{D-\alpha}f - \dfrac{1}{D-\beta}f$ とおくと

$$(D-\alpha)(D-\beta)x$$
$$= (D-\beta)(D-\alpha)\frac{1}{D-\alpha}f - (D-\alpha)(D-\beta)\frac{1}{D-\beta}f$$
$$= (Df - \beta f) - (Df - \alpha f) = (\alpha-\beta)f$$

よって　$\dfrac{1}{\alpha-\beta}x = \dfrac{1}{(D-\alpha)(D-\beta)}f$

(2)　与えられた微分方程式は

$$(D^2 - 4D + 3)x = (D-3)(D-1)x = te^{3t}$$

と表されるから

$$x = \frac{1}{(D-3)(D-1)} t e^{3t}$$

$$= \frac{1}{2}\left(\frac{1}{D-3} t e^{3t} - \frac{1}{D-1} t e^{3t}\right)$$

$$= \frac{1}{2}\left(e^{3t}\int e^{-3t} t e^{3t}\,dt - e^{t}\int e^{-t} t e^{3t}\,dt\right)$$

$$= \frac{1}{2}\left(e^{3t}\int t\,dt - e^{t}\int t e^{2t}\,dt\right)$$

$$= \frac{1}{2}\left\{\frac{1}{2} t^2 e^{3t} - e^{t}\left(\frac{1}{2} t e^{2t} - \int \frac{1}{2} e^{2t}\,dt\right)\right\}$$

$$= \frac{1}{8}(2t^2 - 2t + 1)e^{3t} \qquad\qquad //$$

237 次の微分方程式の 1 つの解を求めよ.

(1) $\dfrac{d^2 x}{dt^2} - 4\dfrac{dx}{dt} = 4t + 3$ 　　　　(2) $\dfrac{d^2 x}{dt^2} + 3\dfrac{dx}{dt} - 4x = e^{t}$

238 次の問いに答えよ.

(1) $\dfrac{1}{D-1} t^2 e^{t}$ を求めよ.

(2) 微分方程式 $\dfrac{d^2 x}{dt^2} - 2\dfrac{dx}{dt} + x = t^2 e^{t}$ の一般解を求めよ.

4──**完全微分方程式**

ここでは，独立変数を x とし，x の関数 y についての微分方程式を考える.

微分方程式 $\dfrac{dy}{dx} = -\dfrac{f(x,\ y)}{g(x,\ y)}$ を，形式的に分母を払うことにより

$$f(x,\ y)\,dx + g(x,\ y)\,dy = 0 \tag{1}$$

と書くことにする.

$x,\ y$ の関数 $u(x,\ y)$ があって

$$\frac{\partial u}{\partial x} = f(x,\ y),\ \frac{\partial y}{\partial y} = g(x,\ y) \tag{2}$$

が成り立つとき，(1) は**完全微分方程式**であるという.

このとき，C を任意定数とし，$u(x,\ y) = C$ で与えられる x の関数 y について

$$\frac{dy}{dx} = -\frac{\dfrac{\partial u}{\partial x}}{\dfrac{\partial u}{\partial y}} = -\frac{f(x,\ y)}{g(x,\ y)}$$

となるから，$u(x,\ y) = C$ から定まる陰関数は (1) の一般解である.

例 1 $y\,dx + x\,dy = 0$

$u(x,\ y) = xy$ とすると

$$\frac{\partial u}{\partial x} = y,\ \frac{\partial u}{\partial y} = x$$

よって完全微分方程式であり，一般解は次のようになる.

$$xy = C \quad (C\ \text{は任意定数})$$

(1) が完全微分方程式であるとき，(2) より

$$\frac{\partial f}{\partial y} = \frac{\partial^2 u}{\partial y \partial x}, \quad \frac{\partial g}{\partial y} = \frac{\partial^2 u}{\partial x \partial y}$$

したがって，次の等式が成り立つ．

$$\frac{\partial f}{\partial y} = \frac{\partial g}{\partial x} \tag{3}$$

逆に，(3) が成り立つならば (1) は完全微分方程式である．

これを示すために，$f(x, y)$ の x についての不定積分の 1 つを $F(x, y)$ とおく．

$$F(x, y) = \int f(x, y)\, dx$$

このとき，y の関数 $\varphi(y)$ について

$$u(x, y) = F(x, y) + \varphi(y)$$

とおくと

$$\frac{\partial u}{\partial x} = \frac{\partial F}{\partial x} = f$$

が成り立つ．一方

$$\frac{\partial}{\partial x}\left(g - \frac{\partial F}{\partial y}\right) = \frac{\partial g}{\partial x} - \frac{\partial^2 F}{\partial x \partial y} = \frac{\partial g}{\partial x} - \frac{\partial f}{\partial y} = 0 \quad (\text{(3) より})$$

したがって，$g - \dfrac{\partial F}{\partial y}$ は x を含まず，y だけの関数となるから

$$\varphi(y) = \int \left(g - \frac{\partial F}{\partial y}\right) dy$$

とおくと

$$\frac{\partial u}{\partial y} = \frac{\partial F}{\partial y} + \varphi'(y) = \frac{\partial F}{\partial y} + g - \frac{\partial F}{\partial y} = g$$

よって，(1) は完全微分方程式であり，(2) を満たす $u(x, y)$ は次で求められる．

$$u(x, y) = F(x, y) + \int \left\{ g(x, y) - \frac{\partial F}{\partial y} \right\} dy \tag{4}$$

例題 次の微分方程式は完全微分方程式であることを示し，一般解を求めよ．

$$\frac{y}{x^2}\, dx - \left(\frac{1}{x} + y^2\right) dy = 0$$

....

解 $\dfrac{\partial}{\partial y}\left(\dfrac{y}{x^2}\right) = \dfrac{1}{x^2}, \quad \dfrac{\partial}{\partial x}\left(-\dfrac{1}{x} - y^2\right) = \dfrac{1}{x^2}$

よって，完全微分方程式である．また

$$F(x, y) = \int \frac{y}{x^2}\, dx = -\frac{y}{x}$$

とおくと

$$-\left(\frac{1}{x} + y^2\right) - \frac{\partial F}{\partial y} = -\left(\frac{1}{x} + y^2\right) + \frac{1}{x} = -y^2$$

よって　$u(x, y) = F(x, y) - \displaystyle\int y^2\, dy = -\frac{y}{x} - \frac{1}{3}y^3$

一般解は　$-\dfrac{y}{x} - \dfrac{1}{3}y^3 = C$　（C は任意定数）　　　　//

239 次の微分方程式は完全微分方程式であることを示し，一般解を求めよ.

(1) $(3x^2 + y^2)\,dx + (2xy + 2y)\,dy = 0$

(2) $(2xy^2 - 3)\,dx + (2x^2y + 1)\,dy = 0$

(3) $(\sin y - y\sin x)\,dx + (x\cos y + \cos x)\,dy = 0$

(4) $(e^y - y^2)\,dx + (xe^y - 2xy + 2y)\,dy = 0$

240 微分方程式 $(x^2 - y^2)\,dx + 2xy\,dy = 0$ について，次の問いに答えよ.

(1) 完全微分方程式でないことを証明せよ.

(2) 関数 v を掛けて，$(x^2 - y^2)v\,dx + 2xyv\,dy = 0$ が完全微分方程式になることがある. このとき，v を**積分因子**という. x だけの関数であるような積分因子 v を求めよ.

(3) 微分方程式の一般解を求めよ.

5──補章関連

241 次の1階線形微分方程式の一般解を公式を用いて求めよ. →教p.156 問·1

(1) $\dfrac{dx}{dt} + x = -e^{-2t}$ 　　(2) $\dfrac{dx}{dt} + 4tx = 4t$

(3) $\dfrac{dx}{dt} + \dfrac{2}{t}x = \dfrac{1}{t^2} + 3$ 　　(4) $\dfrac{dx}{dt} - \dfrac{x}{t} = 2\log t$

242 曲線 $y = f(x)$ 上の任意の点 $\mathrm{P}(x,\,y)$ における接線と x 軸との交点を Q とするとき，線分 PQ は y 軸により $1:2$ に内分されるという. このような曲線のうち，点 $(1,1)$ を通るものの方程式を求めよ. →教p.157 問·2

243 曲線 $y = f(x)$ 上の任意の点 $\mathrm{P}(x,\,y)$ における接線は 線分 OP と垂直であるという. このような曲線のうち，点 $(1,2)$ を通るものの方程式を求めよ. →教p.158 問·3

244 次の微分方程式の一般解を求めよ. →教p.161 問·4

(1) $\dfrac{d^2x}{dt^2} - 4x = 2e^{2t}$ 　　(2) $\dfrac{d^2x}{dt^2} - 4\dfrac{dx}{dt} + 3x = e^{3t}$

(3) $\dfrac{d^2x}{dt^2} + \dfrac{dx}{dt} - 2x = e^{-2t}$ 　　(4) $\dfrac{d^2x}{dt^2} + 4x = 2\sin 2t$

245 次の微分方程式の一般解を求めよ. →教p.161 問·5

(1) $\dfrac{d^2x}{dt^2} + 2\dfrac{dx}{dt} + x = e^{-t}$ 　　(2) $\dfrac{d^2x}{dt^2} - \dfrac{dx}{dt} + \dfrac{1}{4}x = 2e^{\frac{t}{2}}$

246 次の微分方程式の一般解を求めよ. →教p.163 問·6

(1) $t^2\dfrac{d^2x}{dt^2} + 5t\dfrac{dx}{dt} + 4x = 0$ 　　(2) $t^2\dfrac{d^2x}{dt^2} - 5t\dfrac{dx}{dt} + 9x = 0$

247 次の微分方程式の一般解を求めよ. →教p.165 問·7

(1) $8\dfrac{dy}{dx}\left(\dfrac{d^2y}{dx^2}\right) = 1$ 　　(2) $\dfrac{d^2y}{dx^2} + \left(\dfrac{dy}{dx} - 1\right)^2 = 0$

248 微分方程式 $\dfrac{d^2y}{dx^2} = 6\sqrt{\dfrac{dy}{dx}}$ の一般解を求めよ. →教p.165 問・7

> **例題** 次の微分方程式の一般解を求めよ.
> $$y\dfrac{d^2y}{dx^2} = 2\left(\dfrac{dy}{dx}\right)^2$$
>
> **解** x が含まれないことに着目して, $\dfrac{dy}{dx} = p$ とおくと
> $$\dfrac{d^2y}{dx^2} = \dfrac{dp}{dx} = \dfrac{dp}{dy}\dfrac{dy}{dx} = \dfrac{dp}{dy}p$$
> これを与えられた微分方程式に代入すると
> $$yp\dfrac{dp}{dy} = 2p^2 \quad \therefore \quad p \neq 0 \text{ のとき } \dfrac{1}{p}\dfrac{dp}{dy} = \dfrac{2}{y}$$
> p を y の関数として解くと
> $$p = C_0\, y^2 \quad (C_0 \text{ は } 0 \text{ も含む任意定数})$$
> $p = \dfrac{dy}{dx}$ より, 変数分離形だから $y \neq 0$ のとき $\dfrac{1}{y^2}\dfrac{dy}{dx} = C_0$
> これより $\dfrac{1}{y} = C_1 x + C_2$ $(C_1 = -C_0)$
> したがって, 求める一般解は
> $$y = \dfrac{1}{C_1 x + C_2} \quad (C_1,\ C_2 \text{ は任意定数}) \quad (y = 0 \text{ は特異解}) \qquad /\!/$$

249 次の微分方程式の一般解を求めよ. →教p.165 問・9

(1) $(y+1)\dfrac{d^2y}{dx^2} + \left(\dfrac{dy}{dx}\right)^2 = 0$ 　　　(2) $y\dfrac{d^2y}{dx^2} = 1 - \left(\dfrac{dy}{dx}\right)^2$

6── いろいろな問題

250 次の微分方程式の一般解を求めよ.

(1) $\dfrac{dx}{dt} = \dfrac{\sin t \cos^2 x}{\cos^2 t}$ 　　　(2) $\dfrac{dx}{dt} = e^{-t-x}$

(3) $\dfrac{dx}{dt} = \dfrac{\log t}{tx}$ 　　　(4) $\dfrac{dx}{dt} = \dfrac{x}{t(t-1)}$

251 次の微分方程式の一般解を求めよ.

(1) $\dfrac{dx}{dt} + \dfrac{2x}{t} = \cos 2t$

(2) $\dfrac{dx}{dt} + \dfrac{x}{t\log t} = \dfrac{2}{t}$

(3) $\dfrac{dx}{dt} - 3t^2 x = 2e^{t^3}\sin 2t$

(4) $\dfrac{dx}{dt} - \dfrac{tx}{4-t^2} = \dfrac{1}{4-t^2}$ 　　$(4 - t^2 > 0)$

252 次の微分方程式の一般解を求めよ.

(1) $\dfrac{dx}{dt} = \dfrac{x}{t}\left(\log\dfrac{x}{t} + 1\right)$

(2) $\dfrac{dx}{dt} = \dfrac{x + \sqrt{t^2 + x^2}}{t}$ 　　$(t > 0)$

253 原点を通り第 1 象限にある曲線 $y = f(x)$ 上の任意の点 P から，両座標軸に平行な 2 直線を引く．この 2 直線と両座標軸でできる長方形がこの曲線によって 2 つに分割され，その 2 つの部分の面積の比が 1 : 3 であるとき，この曲線の方程式を求めよ．

254 一定の推進力 F で船が進む．船の速度を v，質量を m，船が受ける抵抗力を kv（ただし，k は正の定数）として，以下の問いに答えよ．

(1) 時刻 t における船の速度 $v(t)$ を求めよ．ただし，$v(0) = 0$ とする．

(2) $\lim\limits_{t \to \infty} v(t)$ を求めよ．

255 次の微分方程式の一般解を求めよ．

(1) $\dfrac{d^2x}{dt^2} - 3\dfrac{dx}{dt} + 2x = e^{-t} - e^{2t}$　　(2) $\dfrac{d^2x}{dt^2} + 2\dfrac{dx}{dt} + x = t\cos t$

(3) $\dfrac{d^2x}{dt^2} - x = te^t$　　(4) $\dfrac{d^2x}{dt^2} - 2\dfrac{dx}{dt} = -4t$

256 容量 C のコンデンサー，抵抗値 R の抵抗，インダクタンス L のコイルを直列につないだ閉回路を考える．時刻 t におけるコンデンサーの電荷を $x(t)$ とし，$a = \dfrac{R}{L}$，$b = \dfrac{1}{CL}$ とおけば，$x(t)$ は微分方程式

$$\frac{d^2x}{dt^2} + a\frac{dx}{dt} + bx = 0$$

を満たす．$a^2 - 4b > 0$ のとき，この微分方程式の一般解を求めよ．　（新潟大）

257 次の微分方程式 について，以下の条件を満たす解を求めよ．

$$\frac{d^2x}{dt^2} + \omega^2 x = \sin \Omega t \quad (\omega,\ \Omega \text{ は正の定数})$$

(1) $\omega \ne \Omega$ で，初期条件「$t = 0$ のとき $x = 0,\ \dfrac{dx}{dt} = 0$」を満たす．

(2) $\omega = \Omega$ で，初期条件「$t = 0$ のとき $x = 0,\ \dfrac{dx}{dt} = 0$」を満たす．

（岩手大）

258 X チームと Y チームが騎馬戦を行う．両チームの騎馬数の変化を微分方程式を用いて予想したい．時刻 t における X チーム，Y チームの騎馬数をそれぞれ $x = x(t),\ y = y(t)$ とする．次の問いに答えよ．

(1) 両チームの騎馬数の変化を「自チームの騎馬数の減少速度は，その時点での敵チームの騎馬数に比例し，その比例定数は $\dfrac{1}{10}$ である」と仮定する．この仮定のもとで $x(t)$ および $y(t)$ が満たす連立微分方程式を作れ．

(2) 騎馬戦開始時の騎馬数を X チーム 100 騎，Y チーム 60 騎とするとき，上の連立微分方程式から $x(t)$ および $y(t)$ を求めよ．

(3) Y チームが全滅したときに生き残っている X チームの騎馬数を求めよ．

（宮崎大改）

1
章

1章 関数の展開

1 関数の展開

Basic

1 (1) $e^{3x} \fallingdotseq 1 + 3x$

(2) $\tan^{-1} x \fallingdotseq \dfrac{\pi}{4} + \dfrac{1}{2}(x-1)$

2 (1) $\cos(x+\pi) = -1 + \dfrac{1}{2}x^2 + \varepsilon_2$

(2) $\dfrac{1}{\sqrt{1-x}} = 1 + \dfrac{1}{2}x + \dfrac{3}{8}x^2 + \varepsilon_2$

(3) $(x+1)\log(x+1) = x + \dfrac{1}{2}x^2 + \varepsilon_2$

(4) $\sin x^2 = x^2 + \varepsilon_2$

ただし $\displaystyle\lim_{x\to 0} \dfrac{\varepsilon_2}{x^2} = 0$

3 $\log(1-x) \fallingdotseq -x - \dfrac{1}{2}x^2$

$\log 0.9 = \log(1-0.1) \fallingdotseq -0.105$

4 $e^x \fallingdotseq 1 + x + \dfrac{1}{2}x^2 + \dfrac{1}{6}x^3 + \dfrac{1}{24}x^4$

$\sqrt{e} = e^{\frac{1}{2}} \fallingdotseq 1.6484,\ e \fallingdotseq 2.7172$

5 $f(x) = x^{\frac{1}{2}}$ の第 4 次導関数まで求め，$x=1$ を代入した値を用いよ．

6 $f^{(n)}(x) = (n+1)!\,(1-x)^{-(n+2)}$ となることを用いよ．

7 (1) $f'(x) = 2 - 2e^{2x}$ となることを用いよ．

(2) $f''(x) = -4e^{2x}$ に $x=0$ を代入すると負となるから，極大値をとる．

8 (1) $x = \dfrac{\pi}{3},\ \dfrac{5}{3}\pi$

(2) 極大値 $\sqrt{3} - \dfrac{\pi}{3}$ $\left(x = \dfrac{\pi}{3}\right)$
極小値 $-\sqrt{3} - \dfrac{5}{3}\pi$ $\left(x = \dfrac{5}{3}\pi\right)$

9 (1) 1　　(2) -1　　(3) 0　　(4) 2

10 (1) 0 に収束する　　(2) ∞ に発散する

(3) 振動する

11 (1) $\dfrac{1}{3} - \dfrac{1}{n+3}$　　(2) 収束，$\dfrac{1}{3}$

12 $\displaystyle\lim_{n\to\infty} \dfrac{2n-1}{3n-1} = \dfrac{2}{3} \neq 0$ を示せ．

13 (1) 収束，$\dfrac{4}{3}$

(2) 収束，$\dfrac{3}{1-\frac{1}{\sqrt{3}}} = \dfrac{3(3+\sqrt{3})}{2}$

(3) 発散　　(4) 収束，$\dfrac{1}{4}$

14 $\dfrac{7}{4}\pi,\ \left(\dfrac{\sqrt{2}}{2}, -\dfrac{\sqrt{2}}{2}\right)$

15 $|x| < 2,\ \dfrac{2}{2+x}$

16 $\dfrac{1}{3+x}$ の n 次近似式は

$$P_n(x) = \dfrac{1}{3} - \dfrac{1}{9}x + \dfrac{1}{27}x^2 + \cdots + (-1)^n \dfrac{1}{3^{n+1}}x^n$$

これは初項 $\dfrac{1}{3}$，公比 $-\dfrac{x}{3}$，項数 $n+1$ の等比数列の和だから

$$P_n(x) = \dfrac{\dfrac{1}{3}\left(1-\left(-\dfrac{x}{3}\right)^{n+1}\right)}{1-\left(-\dfrac{x}{3}\right)} = \dfrac{1-\left(-\dfrac{x}{3}\right)^{n+1}}{3+x}$$

これから

$$f(x) - P_n(x) = \dfrac{1}{3+x} - \dfrac{1-\left(-\dfrac{x}{3}\right)^{n+1}}{3+x}$$
$$= \dfrac{\left(-\dfrac{x}{3}\right)^{n+1}}{3+x}$$

$|x| < 3$ のとき $\displaystyle\lim_{x\to 0}\left(-\dfrac{x}{3}\right)^{n+1} = 0$ だから $\displaystyle\lim_{x\to 0}\{f(x) - P_n(x)\} = 0$ が成り立つ．よって

$$\dfrac{1}{3+x} = \dfrac{1}{3} - \dfrac{1}{9}x + \dfrac{1}{27}x^2 + \cdots$$
$$\cdots + (-1)^n \dfrac{1}{3^{n+1}}x^n + \cdots$$
$$(|x| < 3)$$

17 $1 - 2x + 3x^2 - \cdots + (-1)^n(n+1)x^n + \cdots$
$$(|x| < 1)$$

18 $-\left(x-\dfrac{\pi}{2}\right) + \dfrac{1}{3!}\left(x-\dfrac{\pi}{2}\right)^3 - \dfrac{1}{5!}\left(x-\dfrac{\pi}{2}\right)^5$
$+ \cdots + (-1)^{n+1}\dfrac{1}{(2n+1)!}\left(x-\dfrac{\pi}{2}\right)^{2n+1} + \cdots$

19 (1) $\cos\pi+i\sin\pi$ を計算せよ.

(2) $e^{ix}e^{i\pi}$ と変形し，(1) を利用せよ.

20 $(\cos x+i\sin x)^2=\cos 2x+i\sin 2x$ の左辺を展開して，実部と虚部をそれぞれ比較せよ.

21 実部 $-\dfrac{\sqrt2}{2}$，虚部 $\dfrac{\sqrt2}{2}$

22 (1) $(3-2i)e^{(3-2i)x}$　　(2) $(2i-1)e^{i(2+i)x}$

(3) $(1-3ix)e^{-3ix}$

Check

23 (1) $\dfrac{1}{x^3}=1-3(x-1)+6(x-1)^2-10(x-1)^3$
$\qquad\qquad\qquad +15(x-1)^4+o((x-1)^4)$

(2) $\sin 3x=3x-\dfrac{9}{2}x^3+o(x^4)$ ⇒1, 2, 5

24 $\sqrt[3]{1+x}\fallingdotseq 1+\dfrac{1}{3}x-\dfrac{1}{9}x^2+\dfrac{5}{81}x^3$

$\sqrt[3]{0.9}\fallingdotseq 0.965$ ⇒3, 4

25 (1) $x=1$

(2) $f''(1)$ の符号を調べよ.

$x=1$ のとき，極大値 $\dfrac{1}{e}$ ⇒7, 8

26 (1) -2 に収束する　(2) ∞ に発散する

(3) 5 に収束する　(4) 0 に収束する ⇒9

27 (1) 0 に収束する　(2) 振動する

(3) ∞ に発散する ⇒10

28 (1) $\displaystyle\sum_{k=1}^{n}\dfrac{1}{(k+1)(k+2)}=\dfrac{1}{2}-\dfrac{1}{n+2}$ より，$\dfrac{1}{2}$ に収束する.

(2) $\displaystyle\lim_{n\to\infty}\dfrac{n^2}{(n+1)(n+2)}=1\neq 0$ より，発散する. ⇒11, 12

29 (1) 収束，$\dfrac{2}{5}$　(2) 収束，$16+8\sqrt3$

(3) 収束，$\dfrac{30}{11}$　(4) 発散 ⇒13

30 (1) $1-3x+\dfrac{9}{2}x^2-\cdots+(-1)^n\dfrac{3^n}{n!}x^n+\cdots$

(2) $\log 2-\dfrac{1}{2}x-\dfrac{1}{8}x^2-\cdots-\dfrac{1}{n\cdot 2^n}x^n-\cdots$ ⇒16, 17

31 (1) $\dfrac{1}{\cos x+i\sin x}=\cos(-x)+i\sin(-x)$ を示せ.

(2) n が正のときは，ド・モアブルの公式である.

$n=0$ のときは両辺にそれぞれ代入する.

n が負のときは (1) を利用する. ⇒19

32 -1 ⇒21

33 (1) $3ie^{3ix}$　　(2) $(-1+i)e^{(-1+i)x}$ ⇒22

Step up

34 $f(x)-f(a)=(x-a)^n\left\{\dfrac{f^{(n)}(a)}{n!}+\dfrac{o((x-a)^n)}{(x-a)^n}\right\}$

と $\displaystyle\lim_{x\to a}\dfrac{o((x-a)^n)}{(x-a)^n}=0$ となることを利用せよ.

35 (1) $f'(x)=2x-2\sin x,\ f''(x)=2-2\cos x,$

$f'''(x)=2\sin x,\ f^{(4)}(x)=2\cos x$

(2) $f'(0)=f''(0)=f'''(0)=0$

$f^{(4)}(0)=2>0$ より，極小値 2 をとる.

36 (1) $f'(x)=(x^3+3x^2)e^x$ より，$x=0,-3$

(2) $f''(x)=(x^3+6x^2+6x)e^x,$

$f'''(x)=(x^3+9x^2+18x+6)e^x$

$f'(0)=f''(0)=0,\ f'''(0)=6>0$ より，

$x=0$ で極値をとらない.

$f'(-3)=0,\ f''(-3)=9e^{-3}>0$ より，

$x=-3$ で極小値 $-27e^{-3}$ をとる.

37 (1) $-\dfrac{1}{3}<x<1$ のとき収束，$\dfrac{x}{1-2x+3x^2}$

(2) $x<0,\ x>2$ のとき収束，$-\dfrac{1}{x}$

38 (1) $|x|<1$ のとき $\displaystyle\sum_{n=1}^{\infty}(-1)^{n-1}x^{2n}$，

$|x|>1$ のとき $\displaystyle\sum_{n=0}^{\infty}\dfrac{(-1)^n}{x^{2n}}$

(2) $0<|x|<1$ のとき $\dfrac{1}{x}+\displaystyle\sum_{n=0}^{\infty}2x^n$，

$|x|>1$ のとき $-\dfrac{1}{x}+\displaystyle\sum_{n=2}^{\infty}\dfrac{-2}{x^n}$

39 (1) $\log(1+2x)$

$$= 2x - 2x^2 + \cdots + (-1)^{n-1}\frac{2^n}{n}x^n + \cdots$$

(2) $\displaystyle\lim_{x\to 0}\frac{x}{2x-2x^2+\cdots} = \lim_{x\to 0}\frac{1}{2-2x+\cdots}$

$\displaystyle = \frac{1}{2}$

40 $e^{x^2} = 1 + x^2 + \dfrac{1}{2}x^4 + \cdots$

$\sin x = x - \dfrac{1}{3!}x^3 + \dfrac{1}{5!}x^5 - \cdots$

よって

$$\lim_{x\to 0}\frac{e^{x^2}-1-x^2}{x-\sin x} = \lim_{x\to 0}\frac{\frac{1}{2}x^4+\cdots}{\frac{1}{3!}x^3-\frac{1}{5!}x^5+\cdots}$$

$$= \lim_{x\to 0}\frac{\frac{1}{2}x+\cdots}{\frac{1}{3!}-\frac{1}{5!}x^2+\cdots} = 0$$

41 (1) $\log(1+x) = x - \dfrac{1}{2}x^2 + \dfrac{1}{3}x^3 + \cdots$

$x\cos x = x - \dfrac{1}{2}x^3 + \cdots$

(2) $\displaystyle\lim_{x\to +0}\left(\frac{1}{\log(1+x)} - \frac{1}{x\cos x}\right)$

$$= \lim_{x\to +0}\frac{x\cos x - \log(1+x)}{\log(1+x)\cdot x\cos x}$$

$$= \lim_{x\to +0}\frac{\frac{1}{2}x^2-\frac{5}{6}x^3+\cdots}{\left(x-\frac{1}{2}x^2+\cdots\right)\left(x-\frac{1}{2}x^3+\cdots\right)}$$

$$= \lim_{x\to +0}\frac{\frac{1}{2}-\frac{5}{6}x+\cdots}{\left(1-\frac{1}{2}x+\cdots\right)\left(1-\frac{1}{2}x^2+\cdots\right)}$$

$$= \frac{1}{2}$$

Plus

1　循環小数

42 (1) $\dfrac{1}{33}$ 　(2) $\dfrac{218}{333}$ 　(3) $\dfrac{38}{15}$ 　(4) $\dfrac{1}{7}$

43 $0.\dot{q}\dot{p} = \dfrac{0.qp}{1-0.01} = \dfrac{10q+p}{99}$ だから

$\dfrac{q}{p} \leqq \dfrac{10q+p}{99}$ 　∴　$(99-10p)q \leqq p^2$

$p \leqq 9$ より $99-10p>0$ 　∴　$q \leqq \dfrac{p^2}{99-10p}$

ここで，もし $p \leqq 6$ ならば

$$q \leqq \frac{p^2}{99-10p} \leqq \frac{6^2}{39} < 1$$

となり不適である．よって　$6 < p \leqq 9$

$p=9$ のとき，$1 \leqq q \leqq \dfrac{9^2}{9} = 9$

∴　$q = 1,\ 2,\ 3,\ 4,\ 5,\ 6,\ 7,\ 8$

$p=8$ のとき，$1 \leqq q \leqq \dfrac{8^2}{19} = 3.3\cdots$

∴　$q = 1,\ 2,\ 3$

$p=7$ のとき，$1 \leqq q \leqq \dfrac{7^2}{29} = 1.6\cdots$

∴　$q = 1$

以上より

$(p,\ q) = (9,\ 1),\ (9,\ 2),\ (9,\ 3),\ (9,\ 4),$
$\qquad (9,\ 5),\ (9,\ 6),\ (9,\ 7),\ (9,\ 8),$
$\qquad (8,\ 1),\ (8,\ 2),\ (8,\ 3),\ (7,\ 1)$

2　マクローリン展開による計算

44 (1) $(1-x)\left(1+x+\dfrac{1}{2}x^2+\dfrac{1}{6}x^3+\cdots\right)$

$$= 1 - \frac{1}{2}x^2 - \frac{1}{3}x^3 + \cdots$$

(2) $\left(1+x+\dfrac{1}{2}x^2+\dfrac{1}{6}x^3+\cdots\right)\left(x-\dfrac{1}{6}x^3+\cdots\right)$

$$= x + x^2 + \frac{1}{3}x^3 + \cdots$$

(3) $\dfrac{1-\frac{1}{2}x^2+\frac{1}{24}x^4-\frac{1}{720}x^6+\cdots}{1+x^2}$

$$= \left(1-\frac{1}{2}x^2+\frac{1}{24}x^4+\cdots\right)(1-x^2+x^4+\cdots)$$

$$= 1 - \frac{3}{2}x^2 + \frac{37}{24}x^4 + \cdots$$

45 $f(x) = \dfrac{1}{1-x} + \dfrac{1}{1-\frac{x}{3}}$

$$= (1+x+x^2+\cdots+x^n+\cdots)$$

$$+ \left(1+\frac{1}{3}x+\frac{1}{9}x^2+\cdots+\frac{1}{3^n}x^n+\cdots\right)$$

$$= 2 + \frac{4}{3}x + \frac{10}{9}x^2 + \cdots + \left(1+\frac{1}{3^n}\right)x^n + \cdots$$

46 $\log(3+3x-6x^2) = \log 3 + \log(1-x) + \log(1+2x)$

$$= \log 3 + \left(-x-\frac{1}{2}x^2-\cdots-\frac{1}{n}x^n-\cdots\right)$$

$$+ \left(2x-\frac{2^2}{2}x^2+\cdots+(-1)^{n-1}\frac{2^n}{n}x^n+\cdots\right)$$

$$= \log 3 + x - \frac{5}{2}x^2 - \cdots - \frac{1+(-2)^n}{n}x^n - \cdots$$

47 (1) $f'(x) = e^{2x} - e^{-2x},\ f''(x) = 2(e^{2x}+e^{-2x}),$

$f'''(x) = 4(e^{2x}-e^{-2x}),$

$f^{(4)}(x) = 8(e^{2x}+e^{-2x})$

(2) $f'(0) = 0,\ f''(0) = 4,\ f'''(0) = 0,$
$\qquad f^{(4)}(0) = 16$

(3) $f(x) = 1 + 2x^2 + \dfrac{2}{3}x^4 + \cdots$

48 $\dfrac{1}{\cos x}$ は偶関数だから, マクローリン展開は

$$\frac{1}{\cos x} = a_0 + a_2 x^2 + a_4 x^4 + \cdots$$

とおくことができる.

よって

$\cos x \cdot \dfrac{1}{\cos x} = 1$ はマクローリン展開を使って

$$\left(1 - \frac{1}{2}x^2 + \frac{1}{24}x^4 - \cdots\right)$$
$$\times (a_0 + a_2 x^2 + a_4 x^4 + \cdots) = 1$$

と表される.

展開して係数比較を行うと

$$a_0 = 1,\ a_2 - \frac{1}{2}a_0 = 0,\ a_4 - \frac{1}{2}a_2 + \frac{1}{24}a_0 = 0$$

これを解いて $a_0 = 1,\ a_2 = \dfrac{1}{2},\ a_4 = \dfrac{5}{24}$

$\therefore\quad \dfrac{1}{\cos x} = 1 + \dfrac{1}{2}x^2 + \dfrac{5}{24}x^4 + \cdots$

別解として, $\dfrac{1}{1-x}$ のマクローリン展開より

$$\frac{1}{\cos x} = \frac{1}{1 - \left(\frac{1}{2}x^2 - \frac{1}{24}x^4 + \cdots\right)}$$
$$= 1 + \left(\frac{1}{2}x^2 - \frac{1}{24}x^4 + \cdots\right)$$
$$+ \left(\frac{1}{2}x^2 - \frac{1}{24}x^4 + \cdots\right)^2 + \cdots$$
$$= 1 + \frac{1}{2}x^2 + \frac{5}{24}x^4 + \cdots$$

3　補章関連

49 (1) $p_1(x) = 1 + \dfrac{1}{2}x$

(2) $\left(\sqrt{1+x}\right)'' = -\dfrac{1}{4}(1+x)^{-\frac{3}{2}}$ だから,

$\quad x \geqq 0$ のとき, $0 < \theta < 1$ である θ が存在して

$$\text{(左辺)} = \left|\frac{1}{2!}\left(-\frac{1}{4}(1+\theta x)^{-\frac{3}{2}}\right)x^2\right|$$
$$= \frac{1}{8}\left|(1+\theta x)^{-\frac{3}{2}}\right|x^2 \leqq \frac{x^2}{8}$$

50 (1) $a_0 = 0,\ a_1 = 1,\ a_2 = -\dfrac{1}{2},\ a_3 = \dfrac{1}{6}$

(2) $\displaystyle\lim_{x \to 0} \frac{\log(1 + \sin x) - x}{3x^2}$
$$= \lim_{x \to 0} \frac{-\frac{1}{2}x^2 + \frac{1}{6}x^3 + o(x^3)}{3x^2}$$

$$= \lim_{x \to 0} \frac{-\frac{1}{2} + \frac{1}{6}x + \frac{o(x^3)}{x^2}}{3} = -\frac{1}{6}$$

(3) $f\left(\dfrac{1}{3}\right) = \dfrac{1}{3} - \dfrac{1}{18} + \dfrac{1}{162} + R_4$ であり,

$\quad 0 < c < \dfrac{1}{3}$ である c が存在して

$$|R_4| = \left|\frac{1}{4!}\frac{-2 + \sin c}{(1 + \sin c)^2}\left(\frac{1}{3}\right)^4\right|$$
$$< \frac{1}{24}\left|\frac{-2 + 0}{(1 + 0)^2}\right|\frac{1}{81}$$
$$< \frac{1}{10}\frac{1}{80} < \frac{1}{100}$$

よって, 求める近似値は

$$\frac{1}{3} - \frac{1}{18} + \frac{1}{162} = 0.283\cdots \fallingdotseq 0.28$$

51 (1) $0.841\dot{6}$

(2) $\sin x = x - \dfrac{x^3}{3!} + \dfrac{x^5}{5!} + R_7,$

$\quad R_7 = \dfrac{-\cos\theta x}{7!}x^7\ (0 < \theta < 1)$ より

$\quad \text{(左辺)} = \dfrac{|\cos\theta x|}{7!}|x|^7 \leqq \dfrac{|x|^7}{7!}$

(3) $|\sin 1 - 0.841\dot{6}| \leqq \dfrac{1}{7!} = 0.00019\cdots$ より

$\quad 0.841 < \sin 1 < 0.842$

$\quad$よって, $n = 841$

4　いろいろな問題

52 (1) $r_0 : y_0 = 1 : \sqrt{1 + m^2}$ より $\quad y_0 = \sqrt{1 + m^2}\, r_0$

$\quad$よって $\quad (0, \sqrt{1 + m^2}\, r_0)$

(2) $r_1 : (y_0 - r_0 - r_1) = r_0 : y_0$

$$r_1 = \frac{\sqrt{1 + m^2} - 1}{\sqrt{1 + m^2} + 1}\, r_0$$

(3) $\dfrac{\pi}{1 - \left(\dfrac{\sqrt{1 + m^2} - 1}{\sqrt{1 + m^2} + 1}\right)^2} = \dfrac{\pi(\sqrt{1 + m^2} + 1)^2}{4\sqrt{1 + m^2}}$

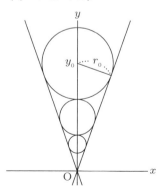

53 (1) $\sin x = x - \dfrac{1}{6}x^3 + \cdots$ より

$a_0 = a_2 = 0,\ a_1 = 1,\ a_3 = -\dfrac{1}{6}$

(2) $C = 1$

(3) $g_n(x)$

$= x\Big(1 - \dfrac{x^2}{\pi^2}\Big)\Big(1 - \dfrac{x^2}{4\pi^2}\Big) \cdots \Big(1 - \dfrac{x^2}{n^2\pi^2}\Big)$

の 3 次の項の係数は

$-\dfrac{1}{\pi^2} - \dfrac{1}{4\pi^2} - \cdots - \dfrac{1}{n^2\pi^2}$

となるから

$-\dfrac{1}{\pi^2} - \dfrac{1}{4\pi^2} - \cdots - \dfrac{1}{n^2\pi^2} - \cdots = -\dfrac{1}{6}$

よって　$\dfrac{1}{1^2} + \dfrac{1}{2^2} + \cdots + \dfrac{1}{n^2} + \cdots = \dfrac{\pi^2}{6}$

54 (1) $\{e^{-x}f(x)\}' = -e^{-x}f(x) + e^{-x}f'(x)$

$\qquad\qquad = -e^{-x}f(x) + e^{-x}f(x) = 0$

したがって

$e^{-x}f(x) = a$ （a は定数）

これから　$f(x) = ae^x$

$f(0) = 1$　より　$a = 1$

よって　$f(x) = e^x$

(2) $f(x) = e^x$

$= 1 + x + \dfrac{1}{2!}x^2 + \dfrac{1}{3!}x^3 + \cdots + \dfrac{1}{n!}x^n + \cdots$

(3) e^x のマクローリン展開の第 $(n+1)$ 部分和を

$S_n(x) = \displaystyle\sum_{k=0}^{n} \dfrac{1}{k!}x^k$ とすると

$S_n(-1) = \dfrac{1}{2!} - \dfrac{1}{3!} + \cdots + (-1)^n\dfrac{1}{n!}$

$\displaystyle\lim_{n\to\infty} S_n(x) = e^x$ より

$\displaystyle\lim_{n\to\infty} \log\{S_n(x)\} = \log e^x = x$

$\therefore$ 与式 $= \displaystyle\lim_{n\to\infty} \log\{S_n(-1)\} = -1$

55 (1) $-(x-\pi) + \dfrac{1}{6}(x-\pi)^3 - \cdots$

(2) $-\dfrac{\pi}{2}\Big(x - \dfrac{\pi}{2}\Big) - \Big(x - \dfrac{\pi}{2}\Big)^2$

$\qquad\qquad + \dfrac{\pi}{12}\Big(x - \dfrac{\pi}{2}\Big)^3 + \cdots$

56 (1) $x_0 = 2$

(2) $f(x) ≒ -\dfrac{1}{8} + \dfrac{1}{8}(x-2)^2$

57 $\alpha \leqq 0$ のときは明らかに成り立つ．$\alpha > 0$ のときは，

$\alpha < n$ なる自然数 n が存在する．$e^x = \displaystyle\sum_{k=0}^{\infty} \dfrac{1}{k!}x^k$

を用いると，$x > 0$ のとき $e^x > \dfrac{x^n}{n!}$ より

$\dfrac{e^x}{x^\alpha} > \dfrac{x^{n-\alpha}}{n!} \longrightarrow \infty \quad (x \to \infty)$

$\therefore \displaystyle\lim_{x\to\infty} \dfrac{e^x}{x^\alpha} = \infty$

58 (1) $-2\Big(x - \dfrac{\pi}{2}\Big) + \dfrac{4}{3}\Big(x - \dfrac{\pi}{2}\Big)^3 + \cdots$

(2) $\dfrac{\pi}{2} < p < x$ である p が存在して

$R_5 = \dfrac{1}{5!}(32\cos 2p)\Big(x - \dfrac{\pi}{2}\Big)^5$

と表されるから，$\dfrac{\pi}{2} < x < \pi$ のとき

$|R_5| \leqq \dfrac{32}{5!}|\cos 2p|\Big(\pi - \dfrac{\pi}{2}\Big)^5 < \dfrac{\pi^5}{5!}$

2章　偏微分

1　偏微分法

Basic

59 (1) $(-2,\ 1,\ 1)$　　　(2) $(3,\ 1,\ 1)$

60 次の zx 平面上の曲線を z 軸のまわりに回転してできる回転面．曲面の概形は参考まで．

(1) $z = x - 1 \ (x \geqq 0)$

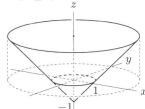

(2) $z = x^2 + 1 \ (x \geqq 0)$

(3) $z = \sin x \ (x \geqq 0)$

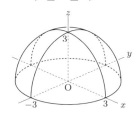

$z = \sin x$

(4) $z = \sqrt{9 - x^2}$ $(0 \leqq x \leqq 3)$

61 (1) $z_x = 4x - 5y,\ z_y = -5x + 6y$

(2) $z_x = 9x^2y + 4xy^2,\ z_y = 3x^3 + 4x^2y$

(3) $z_x = \dfrac{y}{x},\ z_y = \log x$

(4) $z_x = 2e^{2x}\sin 3y,\ z_y = 3e^{2x}\cos 3y$

(5) $z_x = 9(3x - 2y)^2,\ z_y = -6(3x - 2y)^2$

(6) $z_x = 5e^{5x-3y},\ z_y = -3e^{5x-3y}$

(7) $z_x = \dfrac{x}{\sqrt{x^2 + y^2}},\ z_y = \dfrac{y}{\sqrt{x^2 + y^2}}$

(8) $z_x = 2\tan(2x + y) + \dfrac{2(2x - y)}{\cos^2(2x + y)}$

$z_y = -\tan(2x + y) + \dfrac{2x - y}{\cos^2(2x + y)}$

(9) $z_x = -\dfrac{10y}{(x - 3y)^2},\ z_y = \dfrac{10x}{(x - 3y)^2}$

(10) $z_x = \dfrac{2\sin x \sin y}{(\cos x - \sin y)^2}$

$z_y = \dfrac{2\cos x \cos y}{(\cos x - \sin y)^2}$

62 $f_x(2,\ 1),\ f_y(2,\ 1)$ の順に示す.

(1) $2,\ 0$ (2) $e^2,\ 2e^2$

(3) $\dfrac{1}{3},\ \dfrac{4}{3}$ (4) $\dfrac{2\sqrt{5}}{5},\ \dfrac{4\sqrt{5}}{5}$

63 $f_x,\ f_y,\ f_z,\ f_x(1,\ 0,\ -1),\ f_y(1,\ 0,\ -1),$

$f_z(1,\ 0,\ -1)$ の順に示す.

(1) $5y + 2z,\ 5x + z,\ 2x + y,\ -2,\ 4,\ 2$

(2) $4(x - 2y + z)^3,\ -8(x - 2y + z)^3,$

$4(x - 2y + z)^3,\ 0,\ 0,\ 0$

(3) $\dfrac{2xy}{z},\ \dfrac{x^2}{z},\ -\dfrac{x^2y}{z^2},\ 0,\ -1,\ 0$

(4) $(2y + z)e^{2xy - yz + zx},\ (2x - z)e^{2xy - yz + zx},$

$(x - y)e^{2xy - yz + zx},\ -\dfrac{1}{e},\ \dfrac{3}{e},\ \dfrac{1}{e}$

64 (1) $dz = (12x^3y^3 - 2y^2)dx + (9x^4y^2 - 4xy)dy$

(2) $dz = \sqrt{2y + 5}\,dx + \dfrac{x - 3}{\sqrt{2y + 5}}\,dy$

(3) $dz = 20(5x + 2y)^3dx + 8(5x + 2y)^3dy$

(4) $dz = 2x\cos(x^2 + y^3)dx + 3y^2\cos(x^2 + y^3)dy$

(5) $dz = y^2e^{xy^2}dx + 2xye^{xy^2}dy$

(6) $dz = \dfrac{2y}{(x + y)^2}dx - \dfrac{2x}{(x + y)^2}dy$

65 $\Delta S \fallingdotseq 4(x + y)\Delta x + 4x\Delta y$

66 (1) $4x + 4y - z = 6$ (2) $2x + 3y + z = 6$

(3) $2x + y - z = 1$ (4) $2y - z = 2$

67 (1) $(3\cos 3t)\dfrac{\partial z}{\partial x} - (2\sin 2t)\dfrac{\partial z}{\partial y}$

(2) $e^t\dfrac{\partial z}{\partial x} + (\log t + 1)\dfrac{\partial z}{\partial y}$

(3) $\dfrac{1}{(t + 1)^2}\dfrac{\partial z}{\partial x} + \dfrac{2}{(t + 1)^2}\dfrac{\partial z}{\partial y}$

(4) $-\dfrac{1}{(2t + 1)\sqrt{2t + 1}}\dfrac{\partial z}{\partial x} + \dfrac{1}{\sqrt{2t + 1}}\dfrac{\partial z}{\partial y}$

68 (1) $2(e^{2t} + e^{-2t})$

(2) $\dfrac{\sin t - \cos t}{(\sin t + \cos t)^2}$

(3) $\dfrac{t}{\sqrt{t^4 - 1}}$

(4) $-\dfrac{2(t - 1)}{t^2}\sin 2\left(\dfrac{1}{t} + \log t\right)$

69 (1) $z_u = 2uv^2(2u^2 + v),\ z_v = u^2v(2u^2 + 3v)$

(2) $z_u = -\dfrac{5v}{(u - v)^2},\ z_v = \dfrac{5u}{(u - v)^2}$

(3) $z_u = \dfrac{\cos(u + 3v) - 2\sin(2u - v)}{\sqrt{\sin(u + 3v) + \cos(2u - v)}}$

$z_v = \dfrac{3\cos(u + 3v) + \sin(2u - v)}{\sqrt{\sin(u + 3v) + \cos(2u - v)}}$

(4) $z_u = \log(uv) + \dfrac{u + 2v}{u}$

$$z_v = 2\log(uv) + \frac{u+2v}{v}$$

Check

70 次の zx 平面上の曲線を z 軸のまわりに回転してできる回転面. 曲面の概形は参考まで.

(1) $z = e^x \ (x \geqq 0)$

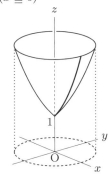

(2) $z = 3 - x^2 \ (x \geqq 0)$

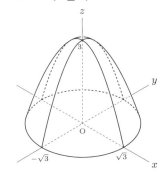

➡️**60**

71 (1) $z_x = 9x^2 - 2y, \ z_y = -2x + 10y$

(2) $z_x = 4\cos(4x - 3y), \ z_y = -3\cos(4x - 3y)$

(3) $z_x = \dfrac{2y}{(x+2y)^2}, \ z_y = -\dfrac{2x}{(x+2y)^2}$

(4) $z_x = -x(x^2-2y)^{-\frac{3}{2}} = -\dfrac{x}{(x^2-2y)\sqrt{x^2-2y}}$

$z_y = (x^2-2y)^{-\frac{3}{2}} = \dfrac{1}{(x^2-2y)\sqrt{x^2-2y}}$

➡️**61**

72 $f_x(1, -1), \ f_y(1, -1)$ の順に示す.

(1) $-8, \ 7$ (2) $2e, \ -2e$

(3) $2, \ 2$ (4) $1, \ -2$ ➡️**62**

73 (1) $dz = (6x^2y + 5y^2)dx + (2x^3 + 10xy)dy$

(2) $dz = -\dfrac{x\sin\sqrt{x^2-2y}}{\sqrt{x^2-2y}}dx + \dfrac{\sin\sqrt{x^2-2y}}{\sqrt{x^2-2y}}dy$

➡️**64**

74 $\Delta V \fallingdotseq y(4x + y^2)\Delta x + x(2x + 3y^2)\Delta y$ ➡️**65**

75 (1) $3x - 5y + 3z = 9$ (2) $2x - 3y + z = 3$

➡️**66**

76 (1) $\dfrac{dz}{dt} = \left(\dfrac{5}{t^2} - \dfrac{4}{\sqrt{t}}\right)\cos\left(\dfrac{5}{t} + 8\sqrt{t}\right)$

(2) $\dfrac{dz}{dt} = \dfrac{\cos^2 t + 6\cos t\sin t - \sin^2 t}{2\cos^2 t + \cos t\sin t + 5\sin^2 t}$

➡️**67, 68**

77 (1) $z_u = -\dfrac{2}{(u-v)^3}, \ z_v = \dfrac{2}{(u-v)^3}$

(2) $z_u = \dfrac{3\cos(u-v) - 5\sin(u+v)}{3\sin(u-v) + 5\cos(u+v)}$

$z_v = -\dfrac{3\cos(u-v) + 5\sin(u+v)}{3\sin(u-v) + 5\cos(u+v)}$ ➡️**69**

Step up

78 (1) yz 平面上の円周 $y^2 + z^2 = 1$ 上の各点を通り x 軸に平行な直線によって作られる円柱面の $z \geqq 0$ の部分

(2) zx 平面上の放物線 $z = x^2$ の各点を通り y 軸に平行な直線によって作られる曲面

79 $y = mx$ に沿って近づく場合の極限値は 0, $y = \sqrt[3]{x}$ に沿って近づく場合の極限値は $\dfrac{1}{4}$ である.

したがって $\displaystyle\lim_{(x,y)\to(0,0)} f(x, y)$ は存在しない.

2 偏微分の応用

Basic

80 (1) $z_{xx} = 36x^2y^2 - 4y^3, \ z_{yy} = 6x^4 - 12x^2y$

$z_{xy} = z_{yx} = 24x^3y - 12xy^2$

(2) $z_{xx} = \dfrac{4y}{(x-y)^3}, \ z_{yy} = \dfrac{4x}{(x-y)^3}$

$z_{xy} = z_{yx} = -\dfrac{2(x+y)}{(x-y)^3}$

(3) $z_{xx} = -2\sin(x^2+y^2) - 4x^2\cos(x^2+y^2)$

$z_{yy} = -2\sin(x^2+y^2) - 4y^2\cos(x^2+y^2)$

$$z_{xy} = z_{yx} = -4xy\cos(x^2 + y^2)$$

(4) $z_{xx} = 0, \ z_{yy} = -\dfrac{x}{y^2}$

$$z_{xy} = z_{yx} = \dfrac{1}{y}$$

(5) $z_{xx} = -(2x - 4y + 3)^{-\frac{3}{2}}$

$$= -\dfrac{1}{(2x - 4y + 3)\sqrt{2x - 4y + 3}}$$

$z_{yy} = -4(2x - 4y + 3)^{-\frac{3}{2}}$

$$= -\dfrac{4}{(2x - 4y + 3)\sqrt{2x - 4y + 3}}$$

$z_{xy} = z_{yx} = 2(2x - 4y + 3)^{-\frac{3}{2}}$

$$= \dfrac{2}{(2x - 4y + 3)\sqrt{2x - 4y + 3}}$$

(6) $z_{xx} = -\dfrac{9}{(3x - y + 2)^2}$

$z_{yy} = -\dfrac{1}{(3x - y + 2)^2}$

$z_{xy} = z_{yx} = \dfrac{3}{(3x - y + 2)^2}$

(7) $z_{xx} = (x + 2)e^{x+y^2}, \ z_{yy} = 2x(1 + 2y^2)e^{x+y^2}$

$z_{xy} = z_{yx} = 2(x + 1)ye^{x+y^2}$

(8) $z_{xx} = \dfrac{2\sin(x + y)}{\cos^3(x + y)}, \ z_{yy} = \dfrac{2\sin(x + y)}{\cos^3(x + y)}$

$z_{xy} = z_{yx} = \dfrac{2\sin(x + y)}{\cos^3(x + y)}$

81 (1) $z_{xy} = z_{yx} = 4x^3 - 6y^2$

$z_{xxy} = z_{xyx} = z_{yxx} = 12x^2$

(2) $z_{xy} = z_{yx} = -\dfrac{4}{(2x - y)^3}$

$z_{xxy} = z_{xyx} = z_{yxx} = \dfrac{24}{(2x - y)^4}$

(3) $z_{xy} = z_{yx} = -2\cos(x + 2y)$

$z_{xxy} = z_{xyx} = z_{yxx} = 2\sin(x + 2y)$

(4) $z_{xy} = z_{yx} = 2xe^{x^2}$

$z_{xxy} = z_{xyx} = z_{yxx} = 2(1 + 2x^2)e^{x^2}$

82 合成関数の微分法と $\dfrac{dx}{dt} = h, \ \dfrac{dy}{dt} = k$ より

$$\dfrac{dz}{dt} = h\dfrac{\partial z}{\partial x} + k\dfrac{\partial z}{\partial y}$$

合成関数の微分法を繰り返し用いると

$$\dfrac{d^2 z}{dt^2} = h\left(h\dfrac{\partial^2 z}{\partial x^2} + k\dfrac{\partial^2 z}{\partial x\partial y}\right)$$
$$+ k\left(h\dfrac{\partial^2 z}{\partial y\partial x} + k\dfrac{\partial^2 z}{\partial y^2}\right)$$
$$= h^2\dfrac{\partial^2 z}{\partial x^2} + 2hk\dfrac{\partial^2 z}{\partial x\partial y} + k^2\dfrac{\partial^2 z}{\partial y^2}$$

$$\dfrac{d^3 z}{dt^3} = h^2\left(h\dfrac{\partial^3 z}{\partial x^3} + k\dfrac{\partial^3 z}{\partial x^2\partial y}\right)$$
$$+ 2hk\left(h\dfrac{\partial^3 z}{\partial x^2\partial y} + k\dfrac{\partial^3 z}{\partial x\partial y^2}\right)$$
$$+ k^2\left(h\dfrac{\partial^3 z}{\partial y^2\partial x} + k\dfrac{\partial^3 z}{\partial y^3}\right)$$
$$= h^3\dfrac{\partial^3 z}{\partial x^3} + 3h^2 k\dfrac{\partial^3 z}{\partial^2 x\partial y}$$
$$+ 3hk^2\dfrac{\partial^3 z}{\partial x\partial y^2} + k^3\dfrac{\partial^3 z}{\partial y^3}$$

83 (1) $(-2, \ 1)$ (2) $(0, \ 1)$

    (3) $(3, \ -1), \ (-3, \ 1)$

84 (1) 点 $(2, \ 2)$ で極小値 -4

    (2) 点 $(-3, \ 1)$ で極大値 56

      点 $(3, \ -1)$ で極小値 -56

    $\Big($ 点 $(3, \ 1), \ (-3, \ -1)$ では極値をとらない $\Big)$

    (3) 点 $(-2, \ 1)$ で極大値 8

    $\Big($ 点 $(0, \ 0)$ では極値をとらない $\Big)$

    (4) 点 $(0, \ -1)$ で極小値 $-\dfrac{2}{e}$

85 (1) $\dfrac{2x - 3y^2}{2y(3x - 2)}$ (2) $\dfrac{4x^3 - 2y^2}{y(4x + 3y)}$

    (3) $-\dfrac{2x + y^2 - 2}{2x + y^2 - 2y}$ (4) $-\dfrac{\sqrt{y}}{\sqrt{x}}$

    (5) $-\dfrac{2\cos x}{\sin y}$ (6) $-\dfrac{e^x - 1}{2(e^y - 1)}$

86 (1) $z_x = \dfrac{2x}{z}, \ z_y = -\dfrac{2y}{z}$

    (2) $z_x = \dfrac{2x - yz}{xy}, \ z_y = \dfrac{2y - zx}{xy}$

    (3) $z_x = \dfrac{\sin x}{\sin z}, \ z_y = \dfrac{\sin y}{\sin z}$

    (4) $z_x = -\dfrac{y + z}{x + y}, \ z_y = -\dfrac{z + x}{x + y}$

    (5) $z_x = -\dfrac{ye^{xy} + ze^{zx}}{ye^{yz} + xe^{zx}}, \ z_y = -\dfrac{xe^{xy} + ze^{yz}}{ye^{yz} + xe^{zx}}$

    (6) $z_x = -\dfrac{z}{x}, \ z_y = -\dfrac{z}{y}$

87 (1) $x + y - 2z = -2$ (2) $x + y - z = 1$

    (3) $3x + y + z = 1$ (4) $x + ey - z = -e$

88 (1) 点 $(1, \ -2)$ で最大値 5

      点 $(-1, \ 2)$ で最小値 -5

    (2) 点 $(2, \ 1), \ (-2, \ 1)$ で最大値 16

点 $(2,\ -1)$, $(-2,\ -1)$ で最小値 -16 $\Rightarrow$**83, 84**

89 底面の半径 1 cm, 高さ 2 cm

90 (1) $y = \pm 2$ (2) $y = \dfrac{1}{x}$

Check
---

91 (1) $z_{xx} = 12x^2$, $z_{xy} = z_{yx} = 8y$

$z_{yy} = 8x - 12y$

(2) $z_{xx} = 9e^{3x}\cos 2y$, $z_{xy} = z_{yx} = -6e^{3x}\sin 2y$

$z_{yy} = -4e^{3x}\cos 2y$

(3) $z_{xx} = -\dfrac{4y}{(x+2y)^3}$, $z_{xy} = z_{yx} = \dfrac{2(x-2y)}{(x+2y)^3}$

$z_{yy} = \dfrac{8x}{(x+2y)^3}$

(4) $z_{xx} = -4(4x-2y)^{-\frac{3}{2}}$

$\quad = -\dfrac{2}{(2x-y)\sqrt{4x-2y}}$

$z_{xy} = z_{yx} = 2(4x-2y)^{-\frac{3}{2}}$

$\quad = \dfrac{1}{(2x-y)\sqrt{4x-2y}}$

$z_{yy} = -(4x-2y)^{-\frac{3}{2}}$

$\quad = -\dfrac{1}{2(2x-y)\sqrt{4x-2y}}$ $\Rightarrow$**80**

92 (1) $z_{xxx} = -\dfrac{6y^2}{x^4}$

$z_{xxy} = z_{xyx} = z_{yxx} = \dfrac{4y}{x^3}$

$z_{xyy} = z_{yxy} = z_{yyx} = -\dfrac{2}{x^2}$

$z_{yyy} = 0$

(2) $z_{xxx} = -27\cos(3x+2y-1)$

$z_{xxy} = z_{xyx} = z_{yxx} = -18\cos(3x+2y-1)$

$z_{xyy} = z_{yxy} = z_{yyx} = -12\cos(3x+2y-1)$

$z_{yyy} = -8\cos(3x+2y-1)$ $\Rightarrow$**81**

93 (1) 点 $(6,\ -3)$ で極大値 27

$\left(\text{点 } (-2,\ 1) \text{ では極値をとらない}\right)$

(2) 点 $(5,\ 1)$ で極小値 -25

$\left(\text{点 } (1,\ 1) \text{ では極値をとらない}\right)$

(3) 点 $\left(\dfrac{\pi}{2},\ \pi\right)$ で極大値 2

$\left(\text{点 } \left(\dfrac{3}{2}\pi,\ \pi\right) \text{ では極値をとらない}\right)$

94 (1) $-\dfrac{xy^4 - 1}{2y^2(x^2y + 3)}$ (2) $-\dfrac{y}{x}$ $\Rightarrow$**85**

95 (1) $z_x = -\dfrac{x-4}{z}$, $z_y = \dfrac{y-1}{z}$

(2) $z_x = -3$, $z_y = -2$ $\Rightarrow$**86**

96 (1) $5x + 6y + 5z = 4$

(2) $x - y + z = -\dfrac{3}{4}\pi$ $\Rightarrow$**87**

97 (1) 点 $(3,\ -4)$ で最大値 20

点 $(-3,\ 4)$ で最小値 -30

(2) 点 $\left(\dfrac{5\sqrt{6}}{3},\ \dfrac{5\sqrt{3}}{3}\right)$, $\left(-\dfrac{5\sqrt{6}}{3},\ \dfrac{5\sqrt{3}}{3}\right)$ で

最大値 $\dfrac{250\sqrt{3}}{9}$

点 $\left(\dfrac{5\sqrt{6}}{3},\ -\dfrac{5\sqrt{3}}{3}\right)$, $\left(-\dfrac{5\sqrt{6}}{3},\ -\dfrac{5\sqrt{3}}{3}\right)$

で最小値 $-\dfrac{250\sqrt{3}}{9}$ $\Rightarrow$**88, 89**

98 (1) $y = -\dfrac{4}{x}$ (2) $y = -3x^2$ $\Rightarrow$**90**

Step up
---

99 $z_x = 0$, $z_y = 0$ より, 極値をとり得る点は

$\left(\dfrac{1}{100},\ \dfrac{1}{5}\right)$, $(0,\ 0)$

点 $\left(\dfrac{1}{100},\ \dfrac{1}{5}\right)$ において

$H = \dfrac{8}{25} > 0$, $z_{xx} = 8 > 0$

だから, この点で極小値 $-\dfrac{1}{12500}$

一方, 点 $(0,\ 0)$ では $H = 0$ となり極値の判定がで

きない. しかし, 関数を y 軸上に制限すると $z = y^5$

であることから, この点では極値をとらないことが

わかる.

100 (1) $\dfrac{dy}{dx} = -\dfrac{x+y}{x-y}$ これを再び x で微分して

$x^2 + 2xy - y^2 = 1$ を用いると

$\dfrac{d^2y}{dx^2} = \dfrac{2}{(x-y)^3}$

(2) $\dfrac{dy}{dx} = \dfrac{x^2 - y}{x - y^2}$ (1) と同様に計算すると

$$\frac{d^2y}{dx^2} = \frac{4xy}{(x-y^2)^3}$$

Plus

1　2変数関数の極値

101 (1) 極値をとり得る点では

$$z_x = \cos(x-y) - \sin(x+y) = 0$$
$$z_y = -\cos(x-y) - \sin(x+y) = 0$$

これより　$\sin(x+y) = 0,\ \cos(x-y) = 0$

$0 < x+y < 2\pi,\ -\pi < x-y < \pi$ より

$$x+y = \pi,\ x-y = \pm\frac{\pi}{2}$$

したがって，極値をとり得る点は

$$\left(\frac{\pi}{4},\ \frac{3}{4}\pi\right),\ \left(\frac{3}{4}\pi,\ \frac{\pi}{4}\right)$$

各点で $H = z_{xx}z_{yy} - z_{xy}{}^2$ の値を調べると

点 $\left(\dfrac{\pi}{4},\ \dfrac{3}{4}\pi\right)$ で極小となり極小値 -2

$$\left(\text{点}\left(\frac{3}{4}\pi,\ \frac{\pi}{4}\right)\text{では極値をとらない}\right)$$

(2) 極値をとり得る点では

$$z_x = -\sin x + \cos(x+y) = 0 \qquad ①$$
$$z_y = -\sin y + \cos(x+y) = 0 \qquad ②$$

これより　$\sin x - \sin y = 0$

したがって　$2\cos\dfrac{x+y}{2}\sin\dfrac{x-y}{2} = 0$

$0 < \dfrac{x+y}{2} < \pi,\ -\dfrac{\pi}{2} < \dfrac{x-y}{2} < \dfrac{\pi}{2}$

より　$x+y = \pi$　または　$x-y = 0$

$x+y = \pi$ のとき

① より　$\sin x = \cos\pi = -1$

$0 < x < \pi$ より，$\sin x > 0$ だから，この場合
は起こらない．ゆえに　$x-y = 0$

このとき，① より　$-\sin x + \cos 2x = 0$

$$\therefore\ (2\sin x - 1)(\sin x + 1) = 0$$

$\sin x > 0$ より $2\sin x - 1 = 0$

したがって極値をとり得る点は

$$\left(\frac{\pi}{6},\ \frac{\pi}{6}\right),\ \left(\frac{5}{6}\pi,\ \frac{5}{6}\pi\right)$$

各点で $H = z_{xx}z_{yy} - z_{xy}{}^2$ の値を調べると

点 $\left(\dfrac{\pi}{6},\ \dfrac{\pi}{6}\right)$ で極大となり極大値は $\dfrac{3\sqrt{3}}{2}$

点 $\left(\dfrac{5}{6}\pi,\ \dfrac{5}{6}\pi\right)$ で極小となり極小値は $-\dfrac{3\sqrt{3}}{2}$

2　3変数関数の極値

102 求める点を $\mathrm{P}(x,\ y,\ z)$ とし，3 点からの距離の平
方の和を $f(x,\ y,\ z)$ とおくと

$$f(x,\ y,\ z) = 2x^2 + (x-2)^2 + 2y^2 + (y-3)^2 + 2z^2 + (z-2)^2$$

$f_x = 0,\ f_y = 0,\ f_z = 0$ を解くと

$$x = \frac{2}{3},\ y = 1,\ z = \frac{2}{3}$$

したがって，極値をとり得る点は

$$\mathrm{P}\left(\frac{2}{3},\ 1,\ \frac{2}{3}\right)$$

だけであるから，この点で最小となる．

103 極値をとる点では次が成り立つ．

$$2x = \lambda,\ 2y = 2\lambda,\ 2z = 2\lambda$$

これを $x + 2y + 2z = 9$ に代入して

$$x = 1,\ y = 2,\ z = 2$$

したがって，極値をとり得る点は　$(1,\ 2,\ 2)$

104 3 辺の長さを $x,\ y,\ z$，体積を V とおくと

$$x^2 + y^2 + z^2 = 4a^2,\ V = xyz$$

これから，極値をとる点で次が成り立つ．

$$yz = 2x\lambda,\ zx = 2y\lambda,\ xy = 2z\lambda$$

辺々掛けて整理すると　$xyz = 8\lambda^3$

このとき，$yz = 2x\lambda$ の両辺に x をかけて

$xyz = 2x^2\lambda$ よって $x = 2\lambda$

$y,\ z$ も同様にして　$x = y = z = 2\lambda$

$x^2 + y^2 + z^2 = 4a^2$ に代入して $\lambda = \dfrac{a}{\sqrt{3}}$

すなわち $x = y = z = \dfrac{2}{\sqrt{3}}a$ のとき極値をとり，
この点で最大となる．よって，求める直方体は 1 辺
の長さが $\dfrac{2}{\sqrt{3}}a$ の立方体

3　補章関連

105 (1) 0　　　　(2) 0　　　　(3) 1

(4) 極限値をもたない. $x = 0$ に沿って近づけると -1, $y = 0$ に沿って近づけると 1 である.

106 (1) 連続　　　(2) 連続　　　(3) 連続

(4) 連続でない

107 $r = \sqrt{x^2 + y^2}$, $\theta = \tan^{-1} \dfrac{y}{x}$ を使うと,

(1) $\dfrac{\partial x}{\partial r} = \dfrac{\partial r}{\partial x} = \cos \theta$

(2) $\dfrac{\partial x}{\partial \theta} = r^2 \dfrac{\partial \theta}{\partial x} = -r \sin \theta$

(3) $\dfrac{\partial y}{\partial r} = \dfrac{\partial r}{\partial y} = \sin \theta$

(4) $\dfrac{\partial y}{\partial \theta} = r^2 \dfrac{\partial \theta}{\partial y} = r \cos \theta$

108 (1) $1 - \dfrac{1}{2}(x^2 + 2xy + y^2) \cos\{\theta(x+y)\}$
$(0 < \theta < 1)$

(2) $1 + \dfrac{1}{2}y + \dfrac{4x^2 - y^2}{8(\theta^2 x^2 + \theta y + 1)^{\frac{3}{2}}}$
$(0 < \theta < 1)$

(3) $x + y - \dfrac{x^2 + 2xy + y^2}{2(\theta x + \theta y + 1)^2}$
$(0 < \theta < 1)$

(4) $1 + xy(1 + 2\theta^2 xy)e^{\theta^2 xy}$ $(0 < \theta < 1)$

4　いろいろな問題

109 (1) $z_x = yx^{y-1}$, $z_y = x^y \log x$

(2) $z_x = -\dfrac{\log y}{x(\log x)^2}$, $z_y = \dfrac{1}{y \log x}$

(3) $z_x = y \sec xy \tan xy$

$z_y = x \sec xy \tan xy$

(4) $z_x = \dfrac{1}{\sqrt{y^2 - x^2}}$, $z_y = -\dfrac{x}{y\sqrt{y^2 - x^2}}$

110 $z_x = z\left(\dfrac{y}{x} + \log y\right)$, $z_y = z\left(\dfrac{x}{y} + \log x\right)$ を
左辺に代入して整理する.

111 $\Delta z \fallingdotseq \dfrac{2x - y}{2\sqrt{x^2 + y^2 - xy}}\Delta x + \dfrac{2y - x}{2\sqrt{x^2 + y^2 - xy}}\Delta y$

112 (1) $z_{xx} = \dfrac{x + 2y}{\left(\sqrt{1 - (x + 2y)^2}\right)^3}$

$z_{yy} = \dfrac{4(x + 2y)}{\left(\sqrt{1 - (x + 2y)^2}\right)^3}$

$z_{xy} = z_{yx} = \dfrac{2(x + 2y)}{\left(\sqrt{1 - (x + 2y)^2}\right)^3}$

(2) $z_{xx} = \dfrac{2xy}{(x^2 + y^2)^2}$, $z_{yy} = -\dfrac{2xy}{(x^2 + y^2)^2}$

$z_{xy} = z_{yx} = -\dfrac{x^2 - y^2}{(x^2 + y^2)^2}$

113 $\dfrac{dz}{dt} = 2tz_x + 2z_y$

$\dfrac{d^2 z}{dt^2} = 2z_x + 2t(2tz_{xx} + 2z_{xy})$
$\qquad\qquad + 2(2tz_{yx} + 2z_{yy})$

$\qquad = 2z_x + 4t^2 z_{xx} + 8tz_{xy} + 4z_{yy}$

114 $z_x = f'(x + 2t) + f'(x - 2t)$

よって　$z_{xx} = f''(x + 2t) + f''(x - 2t)$

$z_t = 2f'(x + 2t) - 2f'(x - 2t)$

よって　$z_{tt} = 4f''(x + 2t) + 4f''(x - 2t)$

したがって, $4z_{xx} = z_{tt}$ が成り立つ.

115 (1) $z_x = 2xe^{x^2 - y} - 1 = 0$

$z_y = -e^{x^2 - y} + 1 = 0$

より, 極値をとり得る点は　$\left(\dfrac{1}{2}, \dfrac{1}{4}\right)$

この点において, $H = 2 > 0$, $z_{xx} = 3 > 0$

よって, 点 $\left(\dfrac{1}{2}, \dfrac{1}{4}\right)$ で極小値 $\dfrac{3}{4}$

(2) $z_x = -2(ax^3 + bxy^2 - ax)e^{-x^2 - y^2} = 0$

$z_y = -2(ax^2 y + by^3 - by)e^{-x^2 - y^2} = 0$

より, 極値をとり得る点

$\qquad (0,\ 0),\ (\pm 1,\ 0),\ (0,\ \pm 1)$

各点で $H = z_{xx} z_{yy} - z_{xy}{}^2$, z_{xx} の符号を調べると

$\qquad$ 点 $(0,\ 0)$ で極小値 0

$\qquad$ 点 $(\pm 1,\ 0)$ で極大値 ae^{-1}

$\qquad\left(\text{点 } (0,\ \pm 1) \text{ では極値をとらない}\right)$

116 $\varphi = x^2 + y^2 - 1$ とおくと

$2x + 4\sqrt{2}y = 2x\lambda$, $4\sqrt{2}x + 6y = 2y\lambda$

$\therefore\quad 2\sqrt{2}y = x(\lambda - 1)$, $2\sqrt{2}x = y(\lambda - 3)$

したがって, $x=0$ のとき $y=0$ （不適）

$x \neq 0$ のときは

$$\frac{y}{x} = \frac{\lambda-1}{2\sqrt{2}} = \frac{2\sqrt{2}}{\lambda-3}$$

これより $\lambda = -1, 5$

したがって極値をとり得る点は

$$\left(\pm\sqrt{\frac{2}{3}}, \mp\frac{1}{\sqrt{3}}\right), \left(\pm\frac{1}{\sqrt{3}}, \pm\sqrt{\frac{2}{3}}\right)$$

（それぞれ複号同順）

各点での f の値を調べればよい.

点 $\left(\pm\sqrt{\frac{2}{3}}, \mp\frac{1}{\sqrt{3}}\right)$ で最小値 -1（複号同順）

点 $\left(\pm\frac{1}{\sqrt{3}}, \pm\sqrt{\frac{2}{3}}\right)$ で最大値 5（複号同順）

117 $\varphi(x, y) = 3y^2 - x^2 - 2$

$f(x, y) = x^2 + 3xy + 3y^2$ とおくと

$$\frac{2x+3y}{-2x} = \frac{3x+6y}{6y} \text{ より } x^2 + 4xy + 3y^2 = 0$$

これから $(x+y)(x+3y) = 0$

$$\therefore \quad x = -y, \ x = -3y$$

$x = -y$ のとき

$\varphi(x, y) = 0$ に代入して $y^2 = 1$

$$\therefore \quad y = 1 \quad (y > 0 \text{ より})$$

したがって, 極値をとり得る点は $(-1, 1)$

また, $x = -3y$ のとき

$\varphi(x, y) = 0$ に代入すると $-6y^2 = 2$

この場合の解はない.

よって, 最小値は $f(-1, 1) = 1$

118 長方形の第 1 象限の頂点を (x, y), 直円柱の表面積を $f(x, y)$ とおき, $\varphi(x, y) = x^2 + 2y^2 - 4 = 0$ のもとで, $f(x, y) = 2\pi y^2 + 4\pi xy$ を最大にすればよい.

条件つき極値の条件より, 極値をとり得る点は

$$\mathrm{P}\left(\frac{2}{\sqrt{3}}, \frac{2}{\sqrt{3}}\right)$$

極値をとる点が 1 点しかないから, この点で最大となる. これより, 求める直円柱の半径と高さはそれ

ぞれ $\dfrac{2}{\sqrt{3}}$, $\dfrac{4}{\sqrt{3}}$

119 条件 $\varphi(x, y) = 2x^2 - 4xy - y^2 + 5 = 0$ のもとで, 原点から曲線上の点 (x, y) までの距離の平方 $f(x, y) = x^2 + y^2$ の最小値を求める.

$$\frac{2x}{4x-4y} = \frac{2y}{-4x-2y} \text{ より}$$
$$2x^2 + 3xy - 2y^2 = 0$$

よって $x = -2y, \ \dfrac{1}{2}y$

これと $\varphi = 0, y > 0$ より, 極値をとり得る点は

$$\left(\frac{1}{\sqrt{2}}, \sqrt{2}\right)$$

このとき $\dfrac{dy}{dx} = \dfrac{2x-2y}{2x+y} = -\dfrac{1}{2}$

$$\frac{d^2y}{dx^2} = \frac{6\left(y - x\dfrac{dy}{dx}\right)}{(2x+y)^2} - \frac{15\sqrt{2}}{16}$$

よって $\dfrac{df}{dx} = 2x + 2y\dfrac{dy}{dx} = 0$

$$\frac{d^2f}{dx^2} = 2 + 2\left(\frac{dy}{dx}\right)^2 + 2y\frac{d^2y}{dx^2} = \frac{25}{4} > 0$$

したがって, この点で極小となる. また, 極値をとる点が 1 点しかないから, 最小値 $\dfrac{5}{2}$ をとる. これより, 最短距離は $\sqrt{\dfrac{5}{2}}$

120 (1) $\dfrac{\partial f}{\partial x} = y\sin\sqrt{x^2+y^2} + \dfrac{x^2 y}{\sqrt{x^2+y^2}}\cos\sqrt{x^2+y^2}$

$\dfrac{\partial f}{\partial y} = x\sin\sqrt{x^2+y^2} + \dfrac{xy^2}{\sqrt{x^2+y^2}}\cos\sqrt{x^2+y^2}$

(2) $f_x(0, 0) = \lim_{h\to 0}\dfrac{f(h, 0) - f(0, 0)}{h} = \lim_{h\to 0}\dfrac{0-0}{h} = 0$

同様に $f_y(0, 0) = 0$

(3) $x = r\cos\theta, y = r\sin\theta \ (r \geqq 0)$ とおくと

$|f_x(x, y)| = \left|y\sin\sqrt{x^2+y^2} + \dfrac{x^2 y}{\sqrt{x^2+y^2}}\cos\sqrt{x^2+y^2}\right|$

$= |r\sin r\sin\theta + r^2\cos r\cos^2\theta\sin\theta|$

$\leqq |r\sin r\sin\theta| + |r^2\cos r\cos^2\theta\sin\theta|$

$$\leqq r + r^2$$

$(x,\ y) \to (0,\ 0)$ のとき，点 $(0,\ 0)$ への近づき方によらず $r \to 0$ だから $|f_x(x,\ y)| \to 0$

したがって，等式

$$\lim_{(x,y)\to(0,0)} f_x(x,\ y) = 0 = f_x(0,\ 0)$$

が成り立つから，$f_x(x,\ y)$ は点 $(0,\ 0)$ で連続である.

同様に $f_y(x,\ y)$ も点 $(0,\ 0)$ で連続である.

121 定義より

$$f_y(h,\ 0) = \lim_{k \to 0} \frac{f(h,\ k) - f(h,\ 0)}{k}$$

$$= \lim_{k \to 0} \frac{\dfrac{hk(h^2 - k^2)}{h^2 + k^2} - 0}{k} = h$$

同様に計算すると

$$f_y(0,\ 0) = 0,\ f_x(0,\ k) = -k,\ f_x(0,\ 0) = 0$$

これらを用いて，定義にしたがって計算すると

$$f_{xy}(0,\ 0) = -1,\ f_{yx}(0,\ 0) = 1$$

したがって　$f_{xy}(0,\ 0) \not\equiv f_{yx}(0,\ 0)$

122 中心 $\left(\dfrac{\alpha^2}{4p},\ \alpha\right)$，半径 $\sqrt{\left(\dfrac{\alpha^2}{4p}\right)^2 + \alpha^2}$ の円の方程式は

$$\left(x - \frac{\alpha^2}{4p}\right)^2 + (y - \alpha)^2 = \left(\frac{\alpha^2}{4p}\right)^2 + \alpha^2$$

この左辺から右辺を引いた式を f とおく.

$f = 0,\ f_\alpha = 0$ より

$$2px^2 - \alpha^2 x + 2py^2 - 4p\alpha y = 0$$

$$\alpha x + 2py = 0$$

α を消去すると　$x^3 + xy^2 + 2py^2 = 0$

123 (1) $f_x(0,\ 0) = f_y(0,\ 0) = 0$

$$f_{xx}(0,\ 0)f_{yy}(0,\ 0) - \{f_{xy}(0,\ 0)\}^2 = 0$$

(2) $y = mx$ のとき

$$f(x,\ y) = 2x^4 - 3mx^3 + m^2x^2$$

これを u とおくと

$$\frac{du}{dx} = 8x^3 - 9mx^2 + 2m^2x$$

$$\frac{d^2u}{dx^2} = 24x^2 - 18mx + 2m^2$$

$x = 0$ では　$\dfrac{du}{dx} = 0,\ \dfrac{d^2u}{dx^2} > 0$

となるから，点 $(0,\ 0)$ で極小となる.

(3) $y = \dfrac{3}{2}x^2$ のとき

$$f(x,\ y) = -\frac{1}{4}x^4$$

したがって，点 $(0,\ 0)$ で極大値をとる.

●**注**⋯ (2)，(3) より $f(x,\ y)$ は点 $(0,\ 0)$ で極値をとらない.

124 最初の等式より　$v_y = 6xy$

したがって

$$v = 3xy^2 + f(x)\ (f(x)\ は\ x\ のみの関数)\cdots①$$

と表される. 2 番目の等式に代入すると

$$f'(x) = -3x^2\ より$$

$$f(x) = -x^3 + C\ (C\ は定数)\cdots②$$

$v(1,\ 1) = 1$ と①より $f(1) = -2$

②に $x = 1$ を代入すると

$$C = -1$$

よって①より　$v(x,\ y) = -x^3 + 3xy^2 - 1$

125 $S = \dfrac{1}{2}ab\sin C$ について

$$\Delta S \fallingdotseq S_a\Delta a + S_b\Delta b + S_C\Delta C$$

を適用せよ.

126
$$x_u = -\frac{u^2 - v^2}{(u^2 + v^2)^2} = -y_v$$

$$x_v = -\frac{2uv}{(u^2 + v^2)^2} = y_u$$

$$z_u = z_x x_u + z_y y_u,\ z_v = z_x x_v + z_y y_v$$

$$z_{uu} = (z_{xx}x_u + z_{xy}y_u)x_u + z_x x_{uu}$$
$$+ (z_{yx}x_u + z_{yy}y_u)y_u + z_y y_{uu}$$

$$z_{vv} = (z_{xx}x_v + z_{xy}y_v)x_v + z_x x_{vv}$$
$$+ (z_{yx}x_v + z_{yy}y_v)y_v + z_y y_{vv}$$

したがって

$$z_{uu} + z_{vv} = z_{xx}(x_u^2 + x_v^2) + z_{xy}(x_u y_u + x_v y_v)$$
$$+ z_x(x_{uu} + x_{vv}) + z_{yx}(x_u y_u + x_v y_v)$$

$$+ z_{yy}(y_u^2 + y_v^2) + z_y(y_{uu} + y_{vv})$$

ここで，$x_u = -y_v$, $x_v = y_u$ であることから

$$x_u y_u + x_v y_v = 0,\ x_{uu} + x_{vv} = -y_{vu} + y_{uv} = 0$$

$$y_{uu} + y_{vv} = x_{vu} - x_{uv} = 0,\ x_u^2 + x_v^2 = y_u^2 + y_v^2$$

また，$x^2 + y^2 = \dfrac{1}{u^2 + v^2}$, $x_u^2 + x_v^2 = \dfrac{1}{(u^2 + v^2)^2}$

これらを用いて等式を証明せよ．

3 章　重積分

1　2 重積分

Basic

127 $V = \displaystyle\iint_D \left(1 - \dfrac{x}{4} - \dfrac{y}{3}\right) dx dy$

$D : 0 \leqq x \leqq 2,\ 0 \leqq y \leqq 1$

128 $\displaystyle\int_0^1 \left\{\int_2^3 (x^2 y - y^3)\, dx\right\} dy = \dfrac{35}{12}$

129 (1) $\dfrac{25}{3}$

(2) $\dfrac{1}{2}(e^4 - e^3 - e^2 + e) = \dfrac{1}{2} e(e+1)(e-1)^2$

(3) 0

130 (1) $\dfrac{1}{6}$

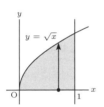

(2) $\dfrac{1}{6}$

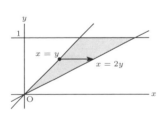

(3) $4 - \log 3$

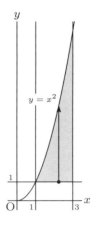

131 (1) $-\dfrac{1}{3}$

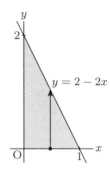

(2) $\dfrac{1}{15}$

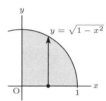

132 (1) $\displaystyle\int_0^1 \left\{\int_{2x}^2 f(x,\ y)\, dy\right\} dx$

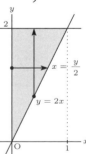

(2) $\displaystyle\int_1^3 \left\{\int_0^{\frac{3-y}{2}} f(x,\ y)\, dx\right\} dy$

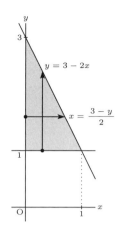

133 $\displaystyle\int_0^1 \left\{ \int_0^y \sqrt{y^2+1}\,dx \right\} dy = \frac{2\sqrt{2}-1}{3}$

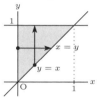

134 $\displaystyle\int_0^1 \left\{ \int_0^{1-y} (1-y^2)\,dx \right\} dy = \frac{5}{12}$

135 $\displaystyle\int_{-2}^{2} \left\{ \int_{-\sqrt{4-x^2}}^{\sqrt{4-x^2}} \sqrt{4-x^2}\,dy \right\} dx$

$\displaystyle = 4\int_0^2 \left\{ \int_0^{\sqrt{4-x^2}} \sqrt{4-x^2}\,dy \right\} dx = \frac{64}{3}$

Check

136 (1) 4　　(2) $\dfrac{64-8\sqrt{2}}{15}$　　(3) $\dfrac{\pi}{4}$

(4) $\dfrac{7}{30}$

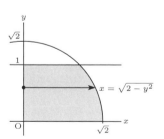

(5) $\dfrac{21}{2}$

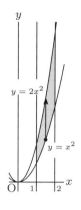

(6) $\dfrac{11}{60}$

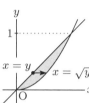

⇒**129, 130**

137 $\dfrac{32}{3}$

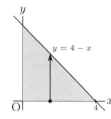

⇒**131**

138 (1) $\displaystyle\int_0^2 \left\{ \int_{\frac{y}{2}}^{1} f(x,\,y)\,dx \right\} dy$

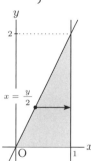

(2) $\displaystyle\int_0^2 \left\{ \int_0^{x^3} f(x,\,y)\,dy \right\} dx$

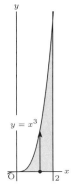

$\Rightarrow$**132**

139 $\displaystyle\int_1^2\left\{\int_0^{\sqrt{4-x^2}}\frac{4y}{\sqrt{x^2+y^2}}\,dy\right\}dx=2$

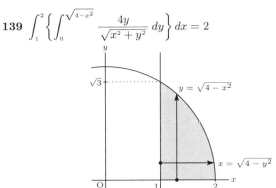

$\Rightarrow$**133**

140 (1) $\displaystyle\int_0^1\left\{\int_0^2 2x^2y^2\,dy\right\}dx=\frac{16}{9}$

(2) $\displaystyle\int_0^2\left\{\int_0^1(2x^2+y)\,dx\right\}dx=\frac{19}{3}$

$\Rightarrow$**134, 135**

141 $\displaystyle\int_0^2\left\{\int_0^{4-2x}(x+1)\,dy\right\}dx=\frac{20}{3}$ $\Rightarrow$**134, 135**

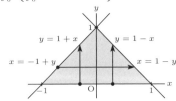
Step up

142 (1) $\displaystyle\int_{-1}^0\left\{\int_0^{1+x}f(x,\ y)\,dy\right\}dx$

$\displaystyle\quad+\int_0^1\left\{\int_0^{1-x}f(x,\ y)\,dy\right\}dx$

(2) $\displaystyle\int_0^{\sqrt2}\left\{\int_0^x f(x,\ y)\,dy\right\}dx$

$\displaystyle\quad+\int_{\sqrt2}^2\left\{\int_0^{\sqrt{4-x^2}}f(x,\ y)\,dy\right\}dx$

143 $\displaystyle\int_{-2}^0\left\{\int_{-\frac{y}{2}}^{y+3}(x+y)\,dx\right\}dy$

$\displaystyle\quad+\int_0^1\left\{\int_{4y}^{y+3}(x+y)\,dx\right\}dy=6$

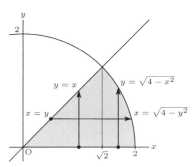

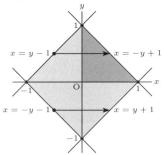

144 積分領域および積分関数の対称性より

$\displaystyle\int_{-1}^0\left\{\int_{-y-1}^{y+1}\sqrt{1-y^2}\,dx\right\}dy$

$\displaystyle\quad+\int_0^1\left\{\int_{y-1}^{-y+1}\sqrt{1-y^2}\,dx\right\}dy$

$\displaystyle=4\int_0^1\left\{\int_0^{-y+1}\sqrt{1-y^2}\,dx\right\}dy=\pi-\frac{4}{3}$

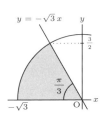

145 (1) 図より，積分領域は半径 $\sqrt3$，中心角 $\dfrac{\pi}{3}$ の扇形になるから

$\displaystyle\int_0^{\frac{3}{2}}\left\{\int_{-\sqrt{3-y^2}}^{-\frac{1}{\sqrt3}y}dx\right\}dy$

$$= \frac{1}{2} \cdot \sqrt{3}^2 \cdot \frac{\pi}{3} = \frac{\pi}{2}$$

(2) 図より，積分領域は半径 3，中心角 $\frac{\pi}{4}$ の扇形になる．これから

$$\int_0^{\frac{3}{\sqrt{2}}} \left\{ \int_y^{\sqrt{9-y^2}} dx \right\} dy$$
$$= \frac{1}{2} \cdot 3^2 \cdot \frac{\pi}{4} = \frac{9}{8}\pi$$

146 曲線を $y = f(x)$ $(0 \leqq x \leqq a)$ と表すと

$$I = \iint_D xy \, dxdy = \int_0^a \left\{ \int_0^{f(x)} xy \, dy \right\} dx$$
$$= \int_0^a \frac{1}{2} x\{f(x)\}^2 \, dx$$

$x = a\cos^3 t$ より

$$dx = -3a\cos^2 t \sin t \, dt$$

$$f(x) = y = a\sin^3 t$$

x	0	$\longrightarrow$	a
t	$\frac{\pi}{2}$	$\longrightarrow$	0

となるから

$$I = \frac{3}{2} a^4 \int_0^{\frac{\pi}{2}} \cos^5 t \sin^7 t \, dt$$
$$= \frac{3}{2} a^4 \int_0^{\frac{\pi}{2}} (1 - \sin^2 t)^2 \sin^7 t \cos t \, dt$$
$$= \frac{a^4}{80}$$

2 変数の変換と重積分

Basic

147 (1) $\dfrac{16}{3}$ (2) $\dfrac{3}{2}\pi$

148 $8\pi a^4$

149 $\dfrac{ab^2}{3}$

150 $\dfrac{32}{45}$

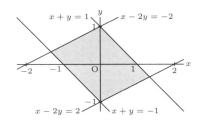

151 (1) $\displaystyle\lim_{\varepsilon \to +0} \int_0^{\frac{\pi}{2}} \left\{ \int_\varepsilon^2 r\cos\theta \, dr \right\} d\theta = 2$

(2) $\displaystyle\lim_{\varepsilon \to +0} \int_{-\frac{\pi}{2}}^{\frac{\pi}{2}} \left\{ \int_\varepsilon^2 dr \right\} d\theta = 2\pi$

152 (1) $\dfrac{1}{4}\left(1 - \dfrac{1}{a^2}\right)\left(\dfrac{1}{4} - \dfrac{1}{a^2}\right)$ (2) $\dfrac{1}{16}$

153 (1) $\dfrac{\pi}{4}\left\{ 1 - \dfrac{1}{(a^2+1)^2} \right\}$ (2) $\dfrac{\pi}{4}$

154 e^{-t^2} が偶関数であることを用いよ．

$2\sqrt{\pi}$

155 $\displaystyle\int_0^1 \left\{ \int_0^y \sqrt{4y^2+1} \, dx \right\} dy = \dfrac{5\sqrt{5}-1}{12}$

156 $\displaystyle\int_0^{2\pi} \left\{ \int_0^1 \dfrac{2r}{\sqrt{4-r^2}} \, dr \right\} d\theta = 4(2-\sqrt{3})\pi$

157 $\dfrac{3}{2}$

158 (1) $\left(\dfrac{1}{3}, \dfrac{2}{3} \right)$ (2) $\left(0, \dfrac{8}{5} \right)$

159 $\left(\dfrac{4\sqrt{2}}{3\pi}a, \dfrac{4(2-\sqrt{2})}{3\pi}a \right)$

Check

160 (1) $\dfrac{2}{15}$ (2) $\dfrac{40}{81}\pi$ (3) $2\pi^2$
$\Rightarrow$**147**

161 12π
$\Rightarrow$**148**

162 $\displaystyle\int_0^\pi \left\{ \int_0^1 12u^2 \sin v \, du \right\} dv = 8$
$\Rightarrow$**149**

163 (1) 4 (2) $-\dfrac{2}{3}$
$\Rightarrow$**150**

164 $\dfrac{\pi}{32}$
$\Rightarrow$**153**

165 (1) $\sqrt{\dfrac{\pi}{6}}$ (2) $\sqrt{\pi}$ (3) $e^4\sqrt{\pi}$
$\Rightarrow$**154**

166 $\dfrac{27}{2}\pi$
$\Rightarrow$**155**

167 $\dfrac{2(5\sqrt{5}-1)}{3}\pi$
$\Rightarrow$**156**

168 $\left(0, \dfrac{43}{50} \right)$
$\Rightarrow$**158, 159**

Step up

169 6π

170 $\left(\dfrac{4}{\pi}, \dfrac{8}{3\pi} \right)$

171 (1) 展開して偶関数，奇関数の性質を用いよ．

$$\frac{3\sqrt{\pi}}{2}$$

(2) $\dfrac{x}{\sqrt{2}} = t$ とおく． $\sqrt{\dfrac{\pi}{2}}$

(3) $\sqrt{x} = t$ とおく． $\dfrac{\sqrt{\pi}}{2}$

(4) $\sqrt{\log \dfrac{1}{x}} = t$ とおく． $\dfrac{\sqrt{\pi}}{2}$

172 $x+y=u,\ y=v$ とおくと　$x=u-v,\ y=v$

これから　$J = \begin{vmatrix} 1 & -1 \\ 0 & 1 \end{vmatrix} = 1$

$u-v \geqq 0,\ v \geqq 0,\ u \leqq 1$ より，uv 平面上で領域
は図のようになり，不等式

$$0 \leqq u \leqq 1,\ 0 \leqq v \leqq u$$

で表される．

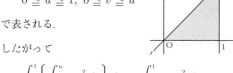

したがって

$$\int_0^1 \left\{ \int_0^u e^{-u^2}\, dv \right\} du = \int_0^1 u e^{-u^2}\, du$$
$$= \frac{1}{2}\left(1 - \frac{1}{e} \right)$$

173 $y+x^3=u,\ y-x^3=v$ とおくと

$$x = \sqrt[3]{\frac{u-v}{2}},\ y = \frac{u+v}{2}$$

これから　$J = \dfrac{1}{6}\left(\dfrac{u-v}{2} \right)^{-\frac{2}{3}}$

$\dfrac{u-v}{2} \leqq 1,\ u \geqq 1,\ v \leqq 2$ より，uv 平面上で領
域は図のようになり，不等式

$$1 \leqq u \leqq 4$$
$$u-2 \leqq v \leqq 2$$

で表される．

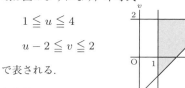

したがって

$$\iint_D \left(\frac{u-v}{2} \right)^{\frac{2}{3}} \cdot v\sqrt{u} \cdot \frac{1}{6}\left(\frac{u-v}{2} \right)^{-\frac{2}{3}} du\,dv$$
$$= \frac{1}{6} \int_1^4 u^{\frac{1}{2}} \left\{ \int_{u-2}^2 v\, dv \right\} du = \frac{233}{210}$$

Plus ●●●

1　座標軸の回転

174 (1) $\dfrac{X^2}{12} + \dfrac{Y^2}{4} = 1$　　(2) $\dfrac{X^2}{9} - \dfrac{Y^2}{16} = 1$

175 $D: \dfrac{X^2}{2} + \dfrac{Y^2}{6} \leqq 1,\ Y \leqq 0$ より

$$\int_{-\sqrt{2}}^{\sqrt{2}} \left\{ \int_{-\sqrt{6-3X^2}}^0 \left(-\frac{2}{\sqrt{2}} Y \right) dY \right\} dX = 8$$

2　3重積分

176 (1) $\displaystyle\int_0^1 \left\{ \int_0^x \left\{ \int_0^{xy} x^2 y^2 z\, dz \right\} dy \right\} dx = \frac{1}{100}$

(2) $-1 \leqq z \leqq 1$ である各 z について

$x^2 + y^2 \leqq 1 - z^2$ で表される円の周および内部

の領域を D_z とおくと

$$与式 = \int_{-1}^1 \left\{ \iint_{D_z} z^2\, dxdy \right\} dz$$
$$= \int_{-1}^1 z^2 \pi (1-z^2)\, dz = \frac{4}{15}\pi$$

3　3重積分の変数変換

177 極座標変換すると，積分領域は

$$0 \leqq \theta \leqq \pi,\ 0 \leqq \varphi \leqq 2\pi,\ 0 \leqq r \leqq 1$$

で表されるから

$$\int_0^\pi \left\{ \int_0^{2\pi} \left\{ \int_0^1 r^2 \cdot r^2 \sin\theta\, dr \right\} d\varphi \right\} d\theta$$
$$= \frac{4}{5}\pi$$

178 極座標変換すると，積分領域は

$$0 \leqq \theta \leqq \frac{\pi}{2},\ 0 \leqq \varphi \leqq \frac{\pi}{2},\ 0 \leqq r \leqq R$$

で表されるから

$$\int_0^{\frac{\pi}{2}} \left\{ \int_0^{\frac{\pi}{2}} \left\{ \int_0^R r\sin\theta\cos\varphi \cdot r\sin\theta\sin\varphi \right. \right.$$
$$\left. \left. \cdot\, r^2 \sin\theta\, dr \right\} d\varphi \right\} d\theta = \frac{R^5}{15}$$

179 (1) $J = \begin{vmatrix} \cos\theta & -r\sin\theta & 0 \\ \sin\theta & r\cos\theta & 0 \\ 0 & 0 & 1 \end{vmatrix} = r$

(2) $\displaystyle\int_0^1 \left\{ \int_0^{2\pi} \left\{ \int_0^1 (r^2+2z^2)r\, dz \right\} d\theta \right\} dr = \frac{7}{6}\pi$

4　ガンマ関数とベータ関数

180 (1) $\Gamma(6) = 5! = 120$

(2) $\Gamma\left(\dfrac{5}{2}\right) = \dfrac{3}{2} \cdot \dfrac{1}{2} \Gamma\left(\dfrac{1}{2}\right) = \dfrac{3}{4}\sqrt{\pi}$

(3) $\Gamma\left(n + \dfrac{1}{2}\right)$
$$= \left(n - \frac{1}{2}\right)\left(n - \frac{3}{2}\right) \cdots \frac{3}{2} \cdot \frac{1}{2} \Gamma\left(\frac{1}{2}\right)$$

$$= \frac{(2n-1)(2n-3)(2n-5)\cdots 3 \cdot 1}{2^n} \sqrt{\pi}$$

181 $t = \dfrac{1}{1+x}$ とおくと

$$\int_0^\infty \frac{\sqrt{x}}{(1+x)^2}\,dx = \int_1^0 \sqrt{\frac{1-t}{t}} \cdot t^2 \cdot \left(-\frac{1}{t^2}\right) dt$$

$$= \int_0^1 \sqrt{\frac{1-t}{t}}\,dt = \int_0^1 t^{-\frac{1}{2}}(1-t)^{\frac{1}{2}}\,dt$$

$$= \int_0^1 t^{\frac{1}{2}-1}(1-t)^{\frac{3}{2}-1}\,dt = B\left(\frac{1}{2},\,\frac{3}{2}\right)$$

$$= \frac{\Gamma\left(\frac{1}{2}\right)\Gamma\left(\frac{3}{2}\right)}{\Gamma(2)} = \frac{\sqrt{\pi}\cdot\frac{1}{2}\sqrt{\pi}}{1!} = \frac{\pi}{2}$$

5　補章関連

182 (1) 極座標変換したとき，領域 D は，$x = r\cos\theta$，

$y = r\sin\theta$ を $x^2+(y-1)^2 \leqq 1$ に代入すると

$$r^2\cos^2\theta + (r\sin\theta-1)^2 \leqq 1$$

$$r^2 - 2r\sin\theta + 1 \leqq 1$$

$$r \leqq 2\sin\theta$$

となるから，不等式

$$0 \leqq r \leqq 2\sin\theta$$

$$0 \leqq \theta \leqq \frac{\pi}{4}$$

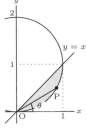

で表される．したがって

$$\int_0^{\frac{\pi}{4}} \left\{ \int_0^{2\sin\theta} (4-r^2)\cdot r\,dr \right\} d\theta$$

$$= \int_0^{\frac{\pi}{4}} (8\sin^2\theta - 4\sin^4\theta)\,d\theta$$

$$= \frac{5}{8}\pi - 1$$

(2) 極座標変換すると，

領域 D は不等式

$$2\cos\theta \leqq r \leqq 2$$

$$-\frac{\pi}{2} \leqq \theta \leqq \frac{\pi}{2}$$

で表されるから

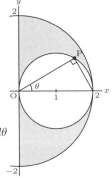

$$\int_{-\frac{\pi}{2}}^{\frac{\pi}{2}} \left\{ \int_{2\cos\theta}^2 r\cdot r\,dr \right\} d\theta$$

$$= \frac{8}{3}\pi - \frac{32}{9}$$

183 積分領域 D は不等式 $(x-2)^2 + y^2 \leqq 4$ で表され

るから，求める体積 V は

$$V = \iint_D xy^2\,dxdy$$

極座標変換すると，D は不等式

$$0 \leqq r \leqq 4\cos\theta, \quad -\frac{\pi}{2} \leqq \theta \leqq \frac{\pi}{2}$$

で表されるから

$$V = \int_{-\frac{\pi}{2}}^{\frac{\pi}{2}} \left\{ \int_0^{4\cos\theta} r^3\cos\theta\sin^2\theta \cdot r\,dr \right\} d\theta$$

$$= \frac{4^5}{5} \int_{-\frac{\pi}{2}}^{\frac{\pi}{2}} \cos^6\theta\sin^2\theta\,d\theta$$

$$= \frac{4^5 \cdot 2}{5} \int_0^{\frac{\pi}{2}} (\cos^6\theta - \cos^8\theta)\,d\theta$$

$$= \frac{4^5 \cdot 2}{5} \left(\frac{5}{6} \cdot \frac{3}{4} \cdot \frac{1}{2} \cdot \frac{\pi}{2} \right.$$

$$\left. - \frac{7}{8} \cdot \frac{5}{6} \cdot \frac{3}{4} \cdot \frac{1}{2} \cdot \frac{\pi}{2} \right) = 8\pi$$

184 図形 D の面積 S は　$S = \pi \cdot 2^2 - \pi \cdot 1^2 = 3\pi$

また，図形 D は x 軸に対称だから　$\overline{y} = 0$ であり

$$D_1: x^2 + y^2 \leqq 4, \quad D_2: (x-1)^2 + y^2 \leqq 1$$

とすると

$$\iint_D x\,dxdy = \iint_{D_1} x\,dxdy - \iint_{D_2} x\,dxdy$$

$$= -\iint_{D_2} x\,dxdy \quad (\text{第 1 項は } 0)$$

$$= -2\int_0^{\frac{\pi}{2}} \left\{ \int_0^{2\cos\theta} r^2\cos\theta\,dr \right\} d\theta = -\pi$$

これから　$\overline{x} = \dfrac{-\pi}{3\pi} = -\dfrac{1}{3}$　∴ 重心 $\left(-\dfrac{1}{3},\,0\right)$

6　いろいろな問題

185 $\displaystyle\int_0^1 \left\{ \int_x^{-x^2+2x} y\,dy \right\} dx = \frac{1}{10}$

186 $\displaystyle\int_0^1 \left\{ \int_{x^2}^{2-x} \frac{1}{x+1}\,dy \right\} dx = 2\log 2 - \frac{1}{2}$

187 $2\displaystyle\int_0^1\left\{\int_0^{x^2} x\,e^{-y}\,dy\right\}dx=\dfrac{1}{e}$

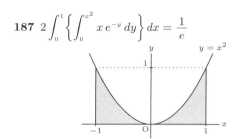

188 極座標変換すると

$$\int_{\frac{\pi}{4}}^{\frac{\pi}{2}}\left\{\int_{\frac{1}{\sqrt{2}}}^1 \dfrac{r\cos\theta}{r\sin\theta\sqrt{1+r^2}}\cdot r\,dr\right\}d\theta$$
$$=\dfrac{2\sqrt{2}-\sqrt{6}}{4}\log 2$$

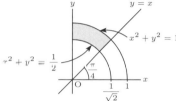

189 (1)

(2) $u^2v=\dfrac{x^4}{y^2}\cdot\dfrac{y^2}{x}=x^3,\ uv^2=\dfrac{x^2}{y}\cdot\dfrac{y^4}{x^2}=y^3$

より $x=\sqrt[3]{u^2v},\ y=\sqrt[3]{uv^2}$

これから $J=\dfrac{1}{3}$

また, D は不等式

$$y\leqq x^2\leqq 2y,\ x\leqq y^2\leqq 2x$$

で表せるから, 変数変換すると

$$1\leqq u\leqq 2,\ 1\leqq v\leqq 2$$

で表される. したがって

$$\int_1^2\left\{\int_1^2 uv\cdot\dfrac{1}{3}\,du\right\}dv=\dfrac{3}{4}$$

190 $x=2r\cos\theta,\ y=3r\sin\theta$ と変数変換すると

$$\int_0^{\frac{\pi}{2}}\left\{\int_0^1 6r^2\cos\theta\sin\theta\cdot 6r\,dr\right\}d\theta=\dfrac{9}{2}$$

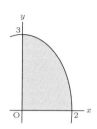

191 $\displaystyle\lim_{\varepsilon\to +0}\int_\varepsilon^3\left\{\int_0^{\frac{2}{3}y}\dfrac{1}{\sqrt{x^2+y^2}}\,dx\right\}dy$

$$=\lim_{\varepsilon\to +0}\int_\varepsilon^3\left[\log|x+\sqrt{x^2+y^2}|\right]_0^{\frac{2}{3}y}dy$$

$$=\lim_{\varepsilon\to +0}\int_\varepsilon^3\log\dfrac{2+\sqrt{13}}{3}\,dy=3\log\dfrac{2+\sqrt{13}}{3}$$

4章 微分方程式

1 **1階微分方程式**

Basic

192 $\dfrac{dx}{dt}=kx(1-x)$

193 (1) $\dfrac{dx}{dt}=\dfrac{4x}{t}$ (2) $\dfrac{dx}{dt}=-\dfrac{x}{t-2}$

194 $x=-\dfrac{4}{t-2}$

195 (1) $\dfrac{dx}{dt}=-2C\cos t\sin t+\sin t,\ \tan t=\dfrac{\sin t}{\cos t}$

を用いよ. 1 個の任意定数を含むから一般解である.

(2) $x=4\cos^2 t-\cos t$

(3) $x=-\cos t$

196 (1) $x=Ce^{3t^2}$ (2) $x=\dfrac{C}{t^3}$

(3) $\cos x=-\sin t+C$ (4) $x=C(t^3-1)$

197 (1) $x=\dfrac{2}{e}e^{\frac{1}{t}}=2e^{\frac{1}{t}-1}$

(2) $x^3=9e^{3t}-1$

198 (1) $x = -2t^3 + 2t^2 + Ct^4$

(2) $x = Ce^{-t} - e^{-2t}$

199 (1) $x = t^2 + 2$　　(2) $x = \sin t + 2\cos t$

200 (1) $x^2 = t^2(6\log|t| + C)$

(2) $\sin\dfrac{x}{t} = Ct$

201 (1) $x = 3t^3 - t$

(2) $x = t\log(2\log|t| + e)$

202 $\dfrac{dx}{dt} = 2e^{-x}$　　　　　⇒**193**

203 (1) $\dfrac{dx}{dt} = -2tCe^{-t^2}$ を用いよ.

1 個の任意定数を含むから一般解である.

(2) $x = 1 + 2e^{-t^2}$

(3) $x = 1 - e^{1-t^2}$　　　⇒**194, 195**

204 (1) $x = C(t+2) - 2$　(2) $x^2 = Ct + 1$

(3) $x = -\dfrac{1}{t^2 + C}$　(4) $x = \tan(t + C)$

⇒**196**

205 (1) $x = e^{2\sin t}$　　(2) $x = \log\sqrt{t^2 + 1}$

⇒**197**

206 (1) $x = t\sin t + Ct$　(2) $x = t + t^2 + \dfrac{C}{t^3}$

⇒**198**

207 (1) $x = (t^2 + 1)^2$　(2) $x = e^{t^2}$　⇒**199**

208 (1) $x = \dfrac{C}{t} + t$　(2) $\cos\dfrac{x}{t} = Ct$

⇒**200**

209 (1) $x = -\dfrac{t}{2\log|t| + C}$

(2) $x = -\dfrac{t}{2\log|t| - 1}$　　⇒**201**

210 (1) $\dfrac{dx}{dt} + 4x = -100e^{-3t} + 80$ と変形できるから

1 階線形である. 定数変化法を用いて

$$x(t) = -100e^{-3t} + 90e^{-4t} + 20$$

(2) 20

211 (1) $x = \dfrac{Ct^2}{1 - Ct}$　　　(2) $x = \dfrac{Ct^4 + t}{2 - Ct^3}$

$x = -t$（特異解）　　　$x = -t$（特異解）

② 2 階微分方程式

212 (1) $x = C_1e^{-3t} + C_2$, $\dfrac{dx}{dt} = -3C_1e^{-3t}$ より

$$\dfrac{d^2x}{dt^2} = 9C_1e^{-3t} = -3\dfrac{dx}{dt}$$

また，階数と同じ 2 個の任意定数を含むから

一般解である.

(2) $x = -e^{-3t} + 2$

(3) $x = e^{-3t}$

213 (1) $x = \sin 3t$, $\dfrac{dx}{dt} = 3\cos 3t$ より

$$\dfrac{d^2x}{dt^2} = -9\sin 3t = -9x$$

$x = \cos 3t$, $\dfrac{dx}{dt} = -3\sin 3t$ より

$$\dfrac{d^2x}{dt^2} = -9\cos 3t = -9x$$

(2) $x = C_1\sin 3t + C_2\cos 3t$,

$\dfrac{dx}{dt} = 3C_1\cos 3t - 3C_2\sin 3t$ より

$$\dfrac{d^2x}{dt^2} = -9C_1\sin 3t - 9C_2\cos 3t$$
$$= -9(C_1\sin 3t + C_2\cos 3t)$$
$$= -9x$$

214 ロンスキアンが恒等的には 0 でないことを示せ.

(1) $W(m\sin t, \ n\cos t) = -mn$

(2) $W\bigl(\log t, \ (\log t)^2\bigr) = \dfrac{1}{t}(\log t)^2$

215 (1) e^t, te^t をそれぞれ 2 回微分して代入せよ.

また，$W(e^t, \ te^t) \neq 0$ を示せ.

(2) $x = (C_1 + C_2t)e^t$

216 (1) 2 回微分して代入せよ.

(2) $x = t^2 + t + 1 + (C_1 + C_2t)e^t$

217 (1) $x = C_1e^{3t} + C_2e^{-2t}$

(2) $x = C_1 \cos \sqrt{5}\, t + C_2 \sin \sqrt{5}\, t$

(3) $x = (C_1 + C_2 t)e^{-4t}$

(4) $x = C_1 + C_2 e^{-5t}$

(5) $x = e^{3t}(C_1 \cos t + C_2 \sin t)$

(6) $x = C_1 e^{(3+\sqrt{7})t} + C_2 e^{(3-\sqrt{7})t}$

218 (1) $x = (7t+2)e^{-3t}$ (2) $x = te^{-3t+3}$

219 (1) $x = -t^2 - t + C_1 e^t + C_2 e^{-2t}$

(2) $x = -t^2 - t + (C_1 + C_2 t)e^t$

(3) $x = -t^2 - t + e^t(C_1 \cos t + C_2 \sin t)$

220 (1) $x = -\dfrac{1}{2}e^{-t} + C_1 e^{-2t} + C_2 e^{3t}$

(2) $x = 2e^{2t} + (C_1 + C_2 t)e^t$

(3) $x = e^{-2t} + e^{-t}(C_1 \cos t + C_2 \sin t)$

221 (1) $x = -\cos t + C_1 + C_2 e^{-t}$

(2) $x = -\dfrac{1}{4}\sin 2t + (C_1 + C_2 t)e^{2t}$

(3) $x = \dfrac{1}{4}\cos 3t - \dfrac{1}{4}\sin 3t$
$\qquad + e^t\left(C_1 \cos \sqrt{2}\, t + C_2 \sin \sqrt{2}\, t\right)$

222 $x = -\dfrac{1}{3}e^t + C_1 - C_2 e^{-2t}$
$\quad\; y = \dfrac{1}{3}e^t + C_1 + C_2 e^{-2t}$

223 (1) $x = C_1 t + C_2 t^2$

(2) $x = C_1 t^{-3} + C_2 t^2$

224 $\dfrac{d^2 x}{dt^2} = x$

(1) 微分方程式に代入せよ.

2 個の任意定数を含むから一般解である.

(2) $x = \dfrac{1}{2}\left(e^t + e^{-t}\right)$

(3) $x = e^t - e^{-t}$ ⇒**212**

225 ロンスキアンが恒等的には 0 でないことを示せ.

(1) $W(\sin \alpha t,\ \cos \beta t)$
$\qquad = -\alpha \cos \alpha t \cos \beta t - \beta \sin \alpha t \sin \beta t$

(2) $W(t,\ t \log t) = t$ ⇒**214**

226 (1) $x = e^t - 1$ (2) $x = \dfrac{e^t - 1}{e - 1}$
⇒**218**

227 (1) $x = t^2 + 3t + 1 + (C_1 + C_2 t)e^t$

(2) $x = -t + 1 + C_1 e^{-t} + C_2 e^{3t}$

(3) $x = 2t + e^{-t}(C_1 \cos \sqrt{5}\, t + C_2 \sin \sqrt{5}\, t)$

(4) $x = -e^{3t} + C_1 e^{2t} + C_2 e^{-2t}$

(5) $x = \dfrac{1}{5}e^{-3t} + (C_1 + C_2 t)e^{2t}$

(6) $x = 2e^t + C_1 \cos 2t + C_2 \sin 2t$

(7) $x = -3 \cos 2t - \sin 2t + C_1 e^{-t} + C_2 e^{2t}$

(8) $x = \dfrac{3}{13}\cos 3t - \dfrac{2}{13}\sin 3t$
$\qquad + e^t(C_1 \cos 2t + C_2 \sin 2t)$

(9) $x = \sin t + (C_1 + C_2 t)e^{-3t}$ ⇒**219, 220, 221**

228 $x = t + 3C_1 e^{2t} - C_2 e^{-2t}$
$\quad\; y = -t + 2 + C_1 e^{2t} + C_2 e^{-2t}$ ⇒**222**

229 (1) $x = C_1 t + C_2 t^4$

(2) $x = C_1 t^{-1} + C_2 t^{\frac{3}{2}}$ ⇒**223**

230 $t = e^u$ とおくと $\dfrac{d^2 x}{du^2} + 2\dfrac{dx}{du} - 3x = e^{2u}$

斉次の一般解は $x = C_1 e^u + C_2 e^{-3u}$

非斉次の 1 つの解を $x = Ae^{2u}$ と予想して求めると
$\qquad x = \dfrac{1}{5}e^{2u}$

求める一般解は, $u = \log t$ に注意して
$\qquad x = \dfrac{1}{5}t^2 + C_1 t + \dfrac{C_2}{t^3}$

231 $t = e^u$ とおくと $\dfrac{d^2 x}{du^2} + \dfrac{dx}{du} - 2x = ue^u$

斉次の一般解は $x = C_1 e^u + C_2 e^{-2u}$

非斉次の 1 つの解を $x = (Au^2 + Bu)e^u$ と予想して求めると
$\qquad x = \left(\dfrac{1}{6}u^2 - \dfrac{1}{9}u\right)e^u$

求める一般解は, $e^u = t$ に注意して
$\qquad x = \dfrac{1}{6}t(\log t)^2 - \dfrac{1}{9}t \log t + C_1 t + \dfrac{C_2}{t^2}$

232 (1) 与えられた方程式に $x = t^\alpha$ を代入すると

$$(2\alpha+1)(2t+2\alpha-3)t^\alpha = 0$$

よって $\alpha = -\dfrac{1}{2}$

(2) $x_1 = t^{-\frac{1}{2}}$, $\displaystyle\int \dfrac{4t^2}{4t^2}\,dt = \int dt = t$ であり

$$\int e^{-\int dt}x_1^{-2}\,dt = \int e^{-t}t\,dt = -(t+1)e^{-t}$$

よって，求める一般解は

$$x = C_1 t^{-\frac{1}{2}} + C_2\left(t^{\frac{1}{2}}+t^{-\frac{1}{2}}\right)e^{-t}$$

Plus ●●●

1 いろいろな1階微分方程式

233 (1) $z = x^{-1}$ とおくと $\dfrac{dz}{dt}+\dfrac{z}{t} = -\dfrac{1}{t^3}$

1階線形の解法により $z = \dfrac{Ct+1}{t^2}$

よって $x = \dfrac{t^2}{Ct+1}$

(2) $z = x^{-2}$ とおくと $\dfrac{dz}{dt}-2z = -2t$

1階線形の解法により $z = \dfrac{2t+1+Ce^{2t}}{2}$

よって $x^2 = \dfrac{2}{2t+1+Ce^{2t}}$

234 (1) $\dfrac{du}{dt}+\{q(t)+2r(t)x_1(t)\}u = -r(t)$

(2) $x = t+\dfrac{1}{u}$ とおくと $\dfrac{du}{dt}-u = -1$

一般解は $u = Ce^t + 1$

よって $x = t+\dfrac{1}{Ce^t+1}$

2 いろいろな2階微分方程式

235 解をべき級数でおくとき，t^n の係数は

$$(n+2)(n+1)a_{n+2}-n(n-1)a_n-2na_n+12a_n$$

これから $a_{n+2} = \dfrac{(n+4)(n-3)}{(n+2)(n+1)}a_n$

初期条件より $a_0 = 0$, $a_1 = 3$

したがって

$$a_2 = a_4 = \cdots = 0$$

$$a_3 = -5,\ a_5 = a_7 = \cdots = 0$$

よって，求める解は $x = 3t-5t^3$

3 演算子法

236 (1) 部分積分法を用いよ． $-\dfrac{1}{2}t-\dfrac{1}{4}+Ce^{2t}$

(2) 部分積分法を用いよ． $(t-1)e^{2t}+Ce^t$

(3) $\displaystyle\int e^{at}\sin bt\,dt$

$$= \dfrac{e^{at}}{a^2+b^2}(a\sin bt - b\cos bt)+C$$

を用いよ． $\dfrac{1}{2}(3\sin t-\cos t)+Ce^{-3t}$

237 (1) $x = \dfrac{1}{D(D-4)}(4t+3)$

$$= \dfrac{1}{4}\left(\dfrac{1}{D-4}-\dfrac{1}{D}\right)(4t+3)$$

$$= -\dfrac{1}{2}t^2-t-\dfrac{1}{4}$$

(2) $x = \dfrac{1}{(D-1)(D+4)}e^t$

$$= \dfrac{1}{5}\left(\dfrac{1}{D-1}-\dfrac{1}{D+4}\right)e^t$$

$$= \dfrac{e^t}{25}(5t-1)$$

238 (1) $\left(\dfrac{1}{3}t^3+C\right)e^t$

(2) 1つの解

$$x = \dfrac{1}{(D-1)^2}(t^2e^t)$$

$$= \dfrac{1}{D-1}\left(\dfrac{1}{3}t^3e^t\right) = \dfrac{1}{12}t^4e^t$$

一般解 $x = \left(\dfrac{1}{12}t^4+C_1+C_2t\right)e^t$

4 完全微分方程式

239 (1) $x^3+xy^2+y^2 = C$

(2) $x^2y^2-3x+y = C$

(3) $x\sin y+y\cos x = C$

(4) $xe^y-xy^2+y^2 = C$

240 (1) $\dfrac{\partial f}{\partial y} = -2y$, $\dfrac{\partial g}{\partial x} = 2y$

したがって，完全微分方程式ではない．

(2) $\dfrac{\partial}{\partial y}\big((x^2-y^2)v\big) = -2yv$

$\dfrac{\partial}{\partial x}(2xyv) = 2yv+2xy\dfrac{dv}{dx}$

より，$-2yv = 2yv+2xy\dfrac{dv}{dx}$ となればよい．

これより $2y\left(x\dfrac{dv}{dx}+2v\right) = 0$

したがって，$x\dfrac{dv}{dx}+2v = 0$ を解くと

$$v(x) = \dfrac{C}{x^2}$$

(3) $x^2+y^2 = Cx$

5　補章関連

241 (1) $x = e^{-2t} + Ce^{-t}$　　(2) $x = 1 + Ce^{-2t^2}$

　　　 (3) $x = t + \dfrac{1}{t} + \dfrac{C}{t^2}$　　(4) $x = t(\log t)^2 + Ct$

242 $\dfrac{dy}{dx} = \dfrac{y}{3x}$ より $y = x^{\frac{1}{3}}$

243 $\dfrac{dy}{dx} = -\dfrac{x}{y}$ より $x^2 + y^2 = 5$

244 (1) $x = \dfrac{1}{2}te^{2t} + C_1 e^{2t} + C_2 e^{-2t}$

　　　 (2) $x = \dfrac{1}{2}te^{3t} + C_1 e^t + C_2 e^{3t}$

　　　 (3) $x = -\dfrac{1}{3}te^{-2t} + C_1 e^{-2t} + C_2 e^t$

　　　 (4) $x = -\dfrac{1}{2}t\cos 2t + C_1 \cos 2t + C_2 \sin 2t$

245 (1) $x = \dfrac{1}{2}t^2 e^{-t} + (C_1 + C_2 t)e^{-t}$

　　　 (2) $x = t^2 e^{\frac{t}{2}} + (C_1 + C_2 t)e^{\frac{t}{2}}$

246 (1) $x = t^{-2}(C_1 \log|t| + C_2)$

　　　 (2) $x = t^3(C_1 \log|t| + C_2)$

247 (1) $p = \pm\dfrac{1}{2}(x + C_1)^{\frac{1}{2}}$ より

　　　　　　 $y = \pm\dfrac{1}{3}(x + C_1)^{\frac{3}{2}} + C_2$

　　　 (2) $p = 1 + \dfrac{1}{x + C_1}$ より

　　　　　　 $y = x + \log|x + C_1| + C_2$

248 $\sqrt{p} = 3(x + C_1)$ より　$y = 3(x + C_1)^3 + C_2$

249 $\dfrac{dy}{dx} = p$ とおく.

　　　 (1) $p(y + 1) = c_1$ より　$y^2 + 2y = C_1 x + C_2$

　　　 (2) $(1 - p^2)y^2 = C_1$ を p について解いて

　　　　　　 $p = \pm\dfrac{\sqrt{y^2 - C_1}}{y}$

　　　　　 $\therefore\ \dfrac{y}{\sqrt{y^2 - C_1}}\dfrac{dy}{dx} = \pm 1$

　　　　　　 $\sqrt{y^2 - C_1} = \pm(x + C_2)$

　　　　　 よって, 一般解は　$y^2 = (x + C_2)^2 + C_1$

6　いろいろな問題

250 (1) $\tan x = \dfrac{1}{\cos t} + C$　(2) $x = \log(-e^{-t} + C)$

　　　 (3) $x^2 = (\log t)^2 + C$　　(4) $x = C\left(1 - \dfrac{1}{t}\right)$

251 (1) $x = \dfrac{1}{4t^2}\left\{(2t^2 - 1)\sin 2t + 2t\cos 2t + C\right\}$

　　　 (2) $x = \log t + \dfrac{C}{\log t}$

　　　 (3) $x = e^{t^3}(-\cos 2t + C)$

　　　 (4) $x = \dfrac{1}{\sqrt{4 - t^2}}\left(\sin^{-1}\dfrac{t}{2} + C\right)$

252 (1) $x = te^{Ct}$

　　　 (2) $u = \dfrac{x}{t}$ とおき, 式を整理して積分すると

　　　　　　 $\log\left(u + \sqrt{u^2 + 1}\right) = \log t + c$

　　　　　 これから　$\dfrac{u + \sqrt{u^2 + 1}}{t} = C\ (C > 0)$

　　　　　 したがって　$x + \sqrt{x^2 + t^2} = Ct^2$

　　　　　 これより　$x = \dfrac{1}{2}\left(Ct^2 - \dfrac{1}{C}\right)$

253 点 P の座標を $(x,\ y)$ とおく.　また, Y 軸と直線

　　　 $Y = y$ と曲線 $Y = f(X)$ で囲まれた面積を S_1,

　　　 X 軸と直線 $X = x$ と曲線 $Y = f(X)$ で囲まれた

　　　 面積を S_2 とすると

　　　　　　 $S_1 = xy - S_2,\ S_2 = \displaystyle\int_0^x f(X)\,dX$

　　　 よって, $S_1 : S_2 = 1 : 3$ のとき

　　　　　　 $\dfrac{1}{3}S_2 = xy - S_2\ \ \therefore\ 3xy = 4S_2$

　　　 これより　$3x\dfrac{dy}{dx} = y,\ y(0) = 0$

　　　 また, $S_1 : S_2 = 3 : 1$ のとき

　　　　　　 $3S_2 = xy - S_2\ \ \therefore\ xy = 4S_2$

　　　 これより　$x\dfrac{dy}{dx} = 3y,\ y(0) = 0$

　　　 これらを解いて

　　　　　　 $y = C\sqrt[3]{x}$　または　$y = Cx^3\ (C > 0)$

254 (1) 加速度が $\dfrac{dv}{dt}$ と表されることから

　　　　　　 $m\dfrac{dv}{dt} = F - kv,\ v(0) = 0$

　　　　　 これを解いて

　　　　　　 $v(t) = \dfrac{F}{k}\left(1 - e^{-\frac{k}{m}t}\right)$

　　　 (2) $\displaystyle\lim_{t \to \infty} v(t) = \dfrac{F}{k}$

255 (1) $x = \dfrac{1}{6}e^{-t} - te^{2t} + C_1 e^t + C_2 e^{2t}$

　　　 (2) $x = \dfrac{1}{2}t\sin t + \dfrac{1}{2}\cos t - \dfrac{1}{2}\sin t$

　　　　　 $+ (C_1 + C_2 t)e^{-t}$

(3) $x = \dfrac{1}{4}t(t-1)e^t + C_1 e^t + C_2 e^{-t}$

(4) $x = t^2 + t + C_1 + C_2 e^{2t}$

256 $x = C_1 e^{\frac{1}{2}\left(-a+\sqrt{a^2-4b}\right)t} + C_2 e^{\frac{1}{2}\left(-a-\sqrt{a^2-4b}\right)t}$

257 (1) 1 つの解を $x = A\cos\Omega t + B\sin\Omega t$ と予想し

て微分方程式に代入し, 係数を比較すると

$$A = 0, \ B = \dfrac{1}{\omega^2 - \Omega^2}$$

よって, 一般解は

$$x = \dfrac{1}{\omega^2 - \Omega^2}\sin\Omega t + C_1\cos\omega t + C_2\sin\omega t$$

初期条件を満たす解は

$$x = \dfrac{1}{\omega^2 - \Omega^2}\left(\sin\Omega t - \dfrac{\Omega}{\omega}\sin\omega t\right)$$

(2) 1 つの解を $x = t(A\cos\omega t + B\sin\omega t)$ と予想

して微分方程式に代入し, 係数を比較すると

$$A = -\dfrac{1}{2\omega}, \ B = 0$$

よって, 一般解は

$$x = -\dfrac{1}{2\omega}t\cos\omega t + C_1\cos\omega t + C_2\sin\omega t$$

初期条件を満たす解は

$$x = -\dfrac{1}{2\omega}t\cos\omega t + \dfrac{1}{2\omega^2}\sin\omega t$$

258 (1) $\begin{cases} \dfrac{dx}{dt} = -\dfrac{1}{10}y \\[2mm] \dfrac{dy}{dt} = -\dfrac{1}{10}x \end{cases}$

(2) $x(t) = 20e^{\frac{1}{10}t} + 80e^{-\frac{1}{10}t}$

$y(t) = -20e^{\frac{1}{10}t} + 80e^{-\frac{1}{10}t}$

(3) $y = 0$ となるのは $t = 10\log 2$ のときである.

このとき $x = 80$ だから, X チームの騎馬数は

およそ 80 騎と考えられる.

●監修

高遠 節夫　元東邦大学教授

●執筆

久保 康幸　弓削商船高等専門学校准教授

小谷 泰介　釧路工業高等専門学校准教授

篠原 知子　都立産業技術高等専門学校 品川キャンパス教授

高橋 正郎　久留米工業高等専門学校准教授

拝田 稔　鹿児島工業高等専門学校教授

前田 善文　長野工業高等専門学校名誉教授

松宮 篤　明石工業高等専門学校教授

山下 哲　木更津工業高等専門学校教授

●校閲

秋山 聡　和歌山工業高等専門学校教授

大庭 経示　米子工業高等専門学校教授

北見 健　函館工業高等専門学校准教授

櫻井 秀人　富山高等専門学校 射水キャンパス准教授

佐藤 一樹　一関工業高等専門学校講師

濵田 俊彦　和歌山工業高等専門学校教授

山中 聡　津山工業高等専門学校講師

横谷 正明　津山工業高等専門学校教授

表紙・カバー | 田中 晋, 矢崎 博昭　本文設計 | 矢崎 博昭

新微分積分II問題集　改訂版

2022.11.1　改訂版第1刷発行

●著作者　高遠 節夫 ほか
●発行者　大日本図書株式会社　（代表）藤川 広
●印刷者　株式会社 日報
●発行所　大日本図書株式会社　〒112-0012　東京都文京区大塚3-11-6
　　　　　tel. 03-5940-8673（編集），8676（供給）

中部支社　名古屋市千種区内山1-14-19 高島ビル　　tel. 052-733-6662
関西支社　大阪市北区東天満2-9-4 千代田ビル東館6階　tel. 06-6354-7315
九州支社　福岡市中央区赤坂1-15-33 ダイアビル福岡赤坂7階　tel. 092-688-9595

ISBN978-4-477-03424-9

●ホームページのご案内　http://www.dainippon-tosho.co.jp